商务组织与沟通

主 编　王　艳　高延华

北京理工大学出版社
BEIJING INSTITUTE OF TECHNOLOGY PRESS

内 容 简 介

本书系统全面地阐述了各类商务活动策划、整合和执行的有关原理与方法、各类商务活动操作与实务以及各种实战技巧。全书主要内容包括商务谈判、商务演讲、仪式类商务活动、商务宴请活动、商务旅行安排、商务会展、赞助活动、客户服务、记者招待会、危机公关 10 个项目。本书注重理论联系实际，编者结合企业的具体情况，亲自策划和参与案例的分析与讨论，以此来有效地帮助读者掌握商务活动策划的实际操作技巧。本书项目开头的案例导入可以激发读者的兴趣；在知识点中穿插各种实践案例及练习，增强读者的综合应用能力；有些项目还包含"知识拓展"栏目，能扩展读者的知识面。

本书适合高校工商管理专业学生、商务活动策划者、参与者使用。

图书在版编目（CIP）数据

商务组织与沟通 / 王艳，高延华主编. --北京：
北京理工大学出版社，2023.1
　　ISBN 978-7-5763-2043-5

Ⅰ. ①商… Ⅱ. ①王… ②高… Ⅲ. ①商业管理-公
共关系学 Ⅳ. ①F715

　　中国国家版本馆 CIP 数据核字（2023）第 007912 号

出版发行 / 北京理工大学出版社有限责任公司
社　　址 / 北京市海淀区中关村南大街 5 号
邮　　编 / 100081
电　　话 / （010）68914775（总编室）
　　　　　（010）82562903（教材售后服务热线）
　　　　　（010）68944723（其他图书服务热线）
网　　址 / http：//www. bitpress. com. cn
经　　销 / 全国各地新华书店
印　　刷 / 北京国马印刷厂
开　　本 / 787 毫米×1092 毫米　1/16
印　　张 / 10.75　　　　　　　　　　　　　　责任编辑 / 封　雪
字　　数 / 250 千字　　　　　　　　　　　　文案编辑 / 毛慧佳
版　　次 / 2023 年 1 月第 1 版　2023 年 1 月第 1 次印刷　　责任校对 / 刘亚男
定　　价 / 64.00 元　　　　　　　　　　　　责任印制 / 李志强

前言

　　商务活动是企业整合市场资源、开展市场营销活动和提升企业自身文化建设的重要手段。在市场竞争激烈的环境下，企业的市场营销活动、公关活动、广告宣传活动、品牌推广活动、展览展会活动、节假日庆典活动及各类文化活动等越来越多。然而，拥有商务活动策划能力、资源整合能力和执行能力的专业人才却十分缺乏。如果企业缺少专业的策划和组织人才，就会导致商务活动的效果不理想。如何使企业的各种商务活动举办得更有效率、更有价值、更有意义呢？如何才能更加有针对性、策略性和系统性地参加社会上的相关商务活动呢？为解决这些问题，我们编写了本书。

　　本书的主要内容包括商务谈判和商务演讲两大部分。本书注重理论联系实际，结合企业的具体情况，能够有效地帮助读者掌握商务活动策划的实际操作技巧。本书在项目的开头利用案例导入引发读者的兴趣；在知识点中穿插各种案例及练习，有助于提高读者的综合应用能力。

　　编者在本书的编写过程中参考并借鉴了许多专家、学者及同行的研究成果、观点，以及相关资料，在此谨向相关人士和单位表示衷心的感谢。

　　由于编者水平有限，书中难免存在不妥之处，恳请广大读者批评指正。

编　者

目 录

第一章 商务谈判

学习目标

> **学习目标1**：了解商务谈判的形式、基本要素和类型。
> **学习目标2**：掌握商务谈判背景调查的内容和手段。
> **学习目标3**：掌握商务谈判组织准备和议程编制。
> **学习目标4**：掌握商务谈判开局和磋商阶段的任务和策略以及僵局处理的策略。
> **学习目标5**：能够根据实际情况组织商务谈判活动并在各阶段使用合适的策略。

案例导入

　　巴西某家公司到美国的设备制造厂去采购成套设备。巴西谈判小组成员因为上街购物耽误了时间，到达谈判地点比原计划晚了45分钟，因此，美方代表对此极为不满，花了很长时间来指责巴西代表没有信用，并表示，如果这样下去，以后工作就很难开展了，浪费时间就是浪费资源、浪费金钱。对此，巴西代表感到理亏，只好一直向美方代表道歉。在谈判开始后，美方代表还对巴西代表来迟一事耿耿于怀，一时间手足无措，谈判时处处被动，无心与美方代表讨价还价，对美方提出的许多要求也没有静下心来认真考虑，匆忙签订了合同。待合同签订完毕，巴西代表平静下来时才发现自己吃了大亏，但已经晚了。

　　在谈判刚开始的时候对对手的某项错误严加指责，使其感到内疚，从而达到营造低调气氛，迫使对方让步的目的。本案例中的美国谈判代表成功地使用挑剔式开局策略，迫使巴西谈判代表自觉理亏，在来不及认真思考的情况就匆忙签订了对美方有利的合同。

第一节 商务谈判概述

一、商务谈判的概念

(一) 商务谈判的定义

商务谈判是指在商务活动中，不同国家或地区的商务活动利益主体以经济利益为目的或为了完成某项交易，就交易各项内容进行协商的行为过程。商务谈判在商务活动中十分重要，是在经贸活动中解决商务活动主体间利害冲突并实现共同利益的一种手段。

(二) 商务谈判的基本要素

1. 谈判当事人

谈判当事人是指谈判活动中有关各方的所有参与者，包括出席谈判的人员以及谈判活动的幕后人员。

出席谈判的人员通常包括负责人、主谈人与陪谈人。负责人是谈判当事一方现场的直接责任者，是谈判桌上的指挥者，起到控制、引导与核心作用。主谈人是谈判过程中的主要发言人，与对方进行论辩与磋商。陪谈人一般包括谈判中的专业技术人员、记录人员以及翻译员等。

谈判活动的幕后人员包括谈判方的单位领导以及谈判工作的辅助人员等。

2. 谈判议题

谈判议题是谈判需要商议的具体问题，是谈判活动的中心。谈判议题必须取得谈判双方的一致共识才具有可行性。谈判议题的范围很广，几乎没有限制。由于谈判议题具有多样性，谈判的复杂程度也不尽相同。

3. 谈判背景

谈判背景是谈判的客观条件，对谈判的发生、发展及结果都具有重要的影响。谈判背景包括环境背景、组织背景与人员背景。

（1）环境背景包括政治、经济、文化及自然等客观环境因素。在国际商务谈判中，政治经济环境因素所带来的影响则需格外重视。例如，若谈判双方所在国家关系友好，则国家政策相对宽松；但若谈判双方所在国家关系紧张，则谈判可能会受到诸多限制，如制裁、禁运或其他歧视性政策。

（2）组织背景包括谈判双方所在经济组织的历史发展、行为理念、规模实力、经营管理、财务与资信状况，以及市场地位等。

（3）人员背景包括谈判人员的职位、教育程度、个人阅历、工作作风与谈判风格等。这些都对谈判策略的选择、应用以及谈判结果产生直接影响。

(三) 商务谈判的形式

1. 按参加谈判的利益主体的数量划分

按谈判参与方的数量，商务谈判可分为双方谈判（只有两个当事方参与）与多方谈判

（有三个及三个以上的当事方参与）。对于双方谈判而言，所涉及的责任、权利以及利益分配都较为简单明确，谈判难度较低。而由于多方谈判的参与方较多，利益关系与谈判条件也较复杂，谈判难度大大增加。

2. 按谈判议题的规模及各方参加谈判的人员数量划分

谈判规模以议题规模及各方谈判人员数量可分为大型谈判、中型谈判与小型谈判，且一般以人员数量为依据进行划分。各方谈判人员数量在12人以上的为大型谈判，4~12人的为中型谈判，4人以下的为小型谈判。

通常大、中型谈判所涉及的谈判背景与谈判项目较为广泛、复杂，谈判时长进一步拉长，所需要的谈判前准备工作，例如谈判人员的组织、背景信息调查以及谈判计划制订等，都应更加充分，以应对接下来的谈判之战。

谈判也可分为单人谈判与小组谈判。在单人谈判中，各方出席谈判的人员均只有一人。在这种情况下，所选择的谈判人员必须具备本次谈判所涉及各方面的知识与能力，如国际贸易、法律、国际金融等。但在此类谈判中，谈判人员自身具有主导权，并不需要进行集体内部协商，因此节约了大量时间，也避免了内耗。

3. 按谈判进行的地点划分

按谈判所在地，可分为主场谈判、客场谈判以及第三地谈判。

（1）主场谈判是指谈判的某一方在自己所在地组织的谈判。这对主方而言有许多优势，有利于做好谈判的各项准备，在谈判过程中发现问题能较快请示上级部门并得到指点。同时，由于对工作环境极为熟悉，自信心也会大大增强，心理负担较小，能够灵活运用谈判策略。

（2）客场谈判是指在谈判对手所在地进行的谈判。相对于主场谈判，客场谈判由于受到各种条件的限制，面对的困难增加了不少。

（3）第三地谈判是在谈判双方以外的地点所进行的谈判。第三地谈判相对中立，能避免主客场对谈判的影响，能够提供良好、平等的环境。

4. 按谈判双方的态度来划分

依照谈判中双方所采取的态度来划分，谈判可分为让步型谈判、立场型谈判与原则型安排。

（1）让步型谈判也称作软式谈判或关系型谈判。在让步型谈判中，谈判方一般会通过提议、让步、达成协议、维系关系这样循序渐进的方式来得到满意的谈判结果，且谈判的成本低、效率高。但遇到强硬的谈判对手时，一味退让只会造成利益损失。因此，只有谈判双方已有长期友好的合作关系，或者合作后的长期利益高于短期利益，让步型谈判才能发挥优势。

（2）立场型谈判也称为硬式谈判。这类谈判方式强调谈判立场的坚定性。双方重视维护自身利益而忽视考虑双方真正的利益共同点。谈判者总是在谈判难以为继的情况下做出极小的让步。双方的针锋相对使得双方关系越发紧张，谈判的时间和成本也大大增加。这类谈判通常很难达成协议。

（3）原则型谈判也称为价值型谈判。在原则型谈判中，谈判双方尊重彼此的需求，积极寻求共同利益，主张按照客观公正的原则达成协议。原则型谈判通过深入分析双方对立立场背后的利益，调和冲突性利益，强调共同性利益，并采取相互尊重、平等协商的态度积极寻找解决方案，以达到互惠合作。

二、商务谈判的类型

(一) 国际货物贸易谈判

1. 国际货物贸易谈判的概念

国际货物贸易是指具有实物形态商品的国际间的贸易活动。因此，国际货物贸易谈判是指两个或两个以上国家的从事经济交往的组织或个人就某种或多种有形商品进行货物买卖，为达成协议而进行磋商的活动。

2. 国际货物贸易谈判的特点

(1) 谈判难度较低。这是因为大多数货物具有通行的技术标准，均属于重复性交易，且谈判内容大多围绕与实物商品有关的权利和义务。

(2) 条款较为全面。货物贸易是商品交易的基本形式，也是商务谈判的基本形态。谈判过程主要包括货物部分及商务部分的谈判，谈判事项冗杂，因此在各方面都不可疏忽，从而避免日后产生纠纷。

3. 国际货物贸易谈判的主要内容

(1) 标的。

标的即谈判设计的交易对象或交易内容。此处专指被交易的具体货物，其具有规范的商品名称。

(2) 品质。

货物的品质是指货物的内在质量及外观形态，是该类谈判中的主要交易条件。许多国家的法律规定，若卖方所交货物的品质不符合合同规定，则视为违约，且卖方有权要求赔偿。因此，在谈判中必须对货物品质做出准确、全面的规定。品质表示方法通常以样品、规格等级、品牌商标、产地名称、说明书与图样等作为标准。

(3) 数量。

许多国家的法律规定，卖方所交货物的数量如果小于或大于合同规定，买方有权拒收。同时，谈判应根据货物性质和交易需要选用适当的计量单位。

(4) 包装。

包装分为运输包装和销售包装。买卖双方通常就包装材料、方式、标志及费用等进行磋商。在国际货物贸易中，谈判人员还应注意部分国家与地区对包装的规定和偏好。例如，美国、新西兰等禁止使用干草、稻草、谷糠等作为包装或填充材料；加拿大政府规定，凡在加拿大市场上出售的商品，其包装上必须同时标注英文和法文标签。

(5) 价格。

价格是货物贸易谈判议题的核心。谈判中对价格条款进行的磋商主要涉及了价格水平、价格的计算方式以及价格术语的运用。需要注意的是，使用价格术语有助于简化交易磋商的内容和规范交易各方的责任。

(6) 交货。

贸易双方就货物运输方式、装运时间、装运地及目的地进行磋商。将货物按照合同规定及时、完整地交付给买方是卖方的责任和义务。因此，若卖方未按规定完成交货，则构成违约。

（7）支付。

在不同支付条件下，买方的实际支出和卖方的实际收入都会受到较大影响。谈判时常常对以下支付事项进行磋商。首先是支付手段。买方通常采用非现金方式支付，如汇票、本票、支票等。其次是支付时间。支付时间直接影响交易双方的实际收益和风险分担情况。特别是对于分期付款，双方须明确首付时间与金额以及之后的分期付款各期时间与金额。最后是支付方式。货物贸易涉及的支付方式主要有汇付、托收和信用证等。谈判时双方应结合实力、资信状况及贸易惯例选择合适的支付方式。

（8）检验。

检验是对被交易的货物的品质、数量和包装等进行检查和鉴定。检验合格的结果既是卖方履约的重要标志，也是买方支付货款的前提条件。货物检验的时间和地点通常以离岸或到岸品质和数量或者装运港的检验证明为依据。

（9）不可抗力。

不可抗力是指某些非可控的自然或社会力量引起的突发事件可能会对合同的履行造成影响。因此，对于不可抗力的磋商是谈判中的必要事项。谈判双方一般会涉及不可抗力事件的范围、出具该事件证明的机构、事件发生后通知对方的期限以及该事件发生后合同的履行和处理等相关事项。

（10）索赔与仲裁。

关于索赔的问题，例如索赔的依据、有效期限以及损失计算办法等都需要在谈判中解决。此外，在达成协议后，若双方产生争议而不能协商解决，则需要仲裁机构做出裁决。

（二）国际技术贸易谈判

1. 国际技术贸易相关概念

国际技术转让是技术供应方将某种内容的技术通过一定形式转让给技术接受方使用的一种行为，而国际技术贸易就是国际技术转让的主要形式之一。国际技术贸易可以为技术出口国带来一笔可观的技术转让费，而且对于技术进口国而言，有利于自身技术改造与发展速度，缩短研制时间，提高产品质量。技术贸易的特点有以下四个。

（1）技术贸易实质是使用权的转让。

（2）技术价格具有不确定性。这是因为技术价格无法以价值为基础，也并不体现成本。

（3）技术贸易的交易关系具有持续性。技术的转让方不仅需要交付有关技术资料，通常还需承担引进方的技术咨询和人员培训，甚至技术设备的安装与调试等。

（4）国际技术贸易受转让方政府的干预较多。

2. 国际技术贸易谈判的主要内容

技术贸易谈判主要分为技术方面的谈判、商务方面的谈判与法律方面的谈判。

（1）技术方面的谈判内容包含以下六个方面。

①标的，即技术贸易的对象、内容与范围等。

②技术性能，即技术的水平，相当于对技术商品的质量要求。

③技术资料的交付。该环节是技术贸易的关键环节。谈判双方应注意交付的日期、方

式、文本以及完整性。

④技术咨询和人员培训。这通常是技术转让方保证引进方能够掌握该技术所应承担的义务与责任。

⑤技术考核与验收。

⑥技术的改进和交换。

（2）商务方面的谈判内容包含以下四个方面。

①技术使用的范围和许可的程度。这方面直接关系到双方的权益以及技术价格的高低，主要受到技术的使用权、制造权和销售权的影响。例如，若使用该技术的组织范围、使用该技术的产品范围以及此类产品的销售范围越广，则获得的收益也越大，因此，转让方要求的价格也会越高。

②技术贸易的价格是此类谈判的核心议题，通常包括技术基本使用费、项目设计费、技术资料费、技术咨询费与人员培训费等。由于技术贸易是技术使用权的许可，不存在所有权的转移，因此这类价格实际上为技术的引进方为获得技术使用权所愿意支付并为转让方接受的技术使用费。

技术的价格同时受到众多因素的影响。技术的使用价值，即技术对于提高产品质量、生产效率等方面的贡献越高，由此而产生的效益也越大，费用也越高；技术越先进，引进的费用也越高；若某技术已被独家垄断，则往往需要高价引进，若该技术已面临较多竞争威胁，则应低价引进；不同类型的技术给引进方带来的权益也不同，独占和排他许可的价格较高，而普遍许可的价格较低。

③技术贸易的特殊性也体现在支付方式上，通常有三种方式，即合同签订时将技术转让费用一次算清、技术转让费用为从引进方技术投产后所获经济效益中陆续提取一定比例、合同签订后先支付一定款项，之后按合同规定支付提成。

④保证、索赔和罚款。谈判中要求转让方承担的保证责任主要有对技术的先进性和实用性的保证、对技术资料按时完整交付的保证、对技术咨询和人员培训的保证等。

（3）法律方面的谈判内容主要包含侵权和保密、不可抗力、仲裁与法律等事项。其中，侵权问题针对专利技术的许可而言，而保密问题针对专有技术的许可而言。

关于专利技术，其内容可公开，但受到相关法律的保护，任何人在未取得专利权人许可时，不可使用该技术。需要注意的是，谈判中应当规定转让方必须保证是所提供的专利技术的合法所有者并有权转让，且保证在合同期内发生第三方指控侵权时，转让方承担全部法律责任。

专有技术的内容不公开，也不受法律保护。因此，在专有技术贸易中，引进方应承担保密的义务和责任，只能在合同规定的范围内使用这一技术。

（三）国际融资租赁业务谈判

1. 国际融资租赁业务相关概念

国际融资租赁业务是指出租人根据承租人对供应商、租赁物的选择，向供货商购买租赁物提供给承租人使用，承租人支付租金的业务，有以下六方面特征。

（1）至少有三个基本当事人，即出租人、承租人和供货商。

（2）承租人自行负担设备缺陷、维修等责任义务。出租人是负责提供融资便利，购买设备。

（3）全部清偿。承租人在设备基本租期内，所付租金总额应等于该设备的全部投资额及一定的利润额之和，或是按相关标准规定，租金总额等于投资总额的一定比例。

（4）不可解约性。一般情况下，租赁双方在租期内无权终止合同。

（5）在租期内，设备的所有权与使用权分离。出租人向供货商支付款项后，拥有设备的所有权。承租人向出租人支付租金后，拥有设备的使用权。

（6）承租人负担设备的保险、保养和维护等费用与风险。

2. 国际融资租赁谈判的注意事项

在对外租赁业务谈判中，对设备名称、规格、数量条款、租期、租金的支付方式、设备的保养与费用条款、期满时对设备的处理条款等应逐项协商。

重要的是，租赁费往往是出租人和承租人的利益焦点所在。除了当事人另外约定，租金应根据购买租赁物的大部分或全部成本以及出租人的合理利润确定。起租日，即租赁业务开始计算租金的日期。在中方承租人和外方出租人之间，债务是在出租人向供货商付款或承兑付款后才产生的。

第二节　背景调查

一、背景调查的内容

（一）谈判环境调查

商务谈判的社会环境纷繁复杂，如政治经济环境、社会文化环境、资源环境等重要因素，对谈判磋商都有不可忽略的影响。因此，在谈判前期的准备工作中，谈判人员需要对整体谈判环境进行系统全面的调查与分析，为后续制订谈判策略打下良好的基础。谈判环境调查的主要内容包括以下五个方面。

1. 政治环境

尽管商务谈判通常为纯商业目的，但也有可能受到政治因素的影响。例如，某商务谈判带有谈判某方国家政府或政党的政治目的，在这种情况下，商业技术因素往往要让步于政治因素，而谈判结果也会受到国家政策的制约。

国家政局稳定性以及谈判各方国家政府之间关系是否友好对商业合作也有影响。例如，政局动乱，战争爆发或者谈判方所在国家存在敌对矛盾，则谈判将会面临重重障碍，给双方造成巨大损失。

2. 财政金融环境

在谈判准备期间，应了解清楚对方所在国家整体的财政金融状况，如外债、外汇储备、外汇付款等。

若一国的外债过高，则可能出现由于外债紧张而无力支付交易款项的情况。如果某国外汇储备较多，则说明该国有较强的对外支付能力；若外汇储备较少，则该国对外支付可能会出现困难。同时也应考虑后续外汇付款阶段的手续与环节。

3. 社会文化环境

在国际商务谈判中，谈判人员实际是一个国家的文化集合体或文化缩影，他们的思维方式、言行举止都无可避免地受到所在国的宗教信仰、社会交往、社会习俗以及交往礼仪等因素影响。例如，德国人受到基督教影响，在社会生活中极为重视秩序、隐私等公共准则。在商务方面，德国人对所订立的契约绝对执行，类似延迟交货或付款日期等要求都会遭到德国人拒绝。

4. 政策法规

在国际商务谈判中，谈判双方需要了解对方国家或地区的有关经济政策以及法律规定、关税税率及征税方法、外汇管制政策以及进出口配额与进出口许可证制度等。

5. 商业做法

各国各类企业的经营方式不同，因此谈判前应了解对方的权力掌控者和主要负责人。例如，与日方谈判时，日本企业的决策通常需要各级人员通过长时间的沟通讨论、共同参与后，达成一致意见并由高级人员作最终决定。

企业在谈判过程中，对文字方面的记录或协议也有不同的要求。有的谈判方要求任何事情都必须见诸文字，并全程记录谈判内容，且认为只有文字协议才有约束力；而有的谈判方则以信誉或口头承诺作担保，或者尽管最终谈判成功签订了协议，也认为可视实际情况调整原有协议或计划。

在谈判和签约过程中，有的谈判方会派出律师全程在场，作为专业顾问负责审核合同的合法性；而有的谈判方也派出了律师，但仅仅起到附属作用。

（二）市场信息调查

市场信息是反映市场经济活动特征及其发展变化的各种消息、资料、数据、情报的统称。一般包括两类形式，一是文字式结构表达市场信息的内容；二是数据式结构，如统计报表等。市场信息的主要内容包括以下四个方面。

1. 国内外市场分布

国内外市场分布的信息即市场的分布情况、地理位置、运输条件、政治经济条件、市场潜力和容量以及某一市场与其他市场的经济联系等。

随着科技的发展和生产力水平的提高，以及资本流动速度的加快，国际间的贸易合作不断深化，所涉商品在品种、数量及规模上也不断扩大。因此，在谈判准备阶段调查清楚本次谈判所涉产品的目标市场，确定长、中、短期的销售发展计划，有助于谈判目标的确立。

2. 消费需求

消费需求方面的信息具体包括消费者开始使用某一特定品牌的原因与条件；消费者忠于某一特定品牌的期限、原因及条件等；消费者对产品及企业市场活动的态度；产品的多种用途；产品被使用的次数及消费量；产品的需求量和潜在需求量；产品的市场覆盖率及市场占有率；市场竞争形势对本企业销售量的影响。

3. 产品销售

作为卖方，需要调查本企业产品及其竞品的销售情况。作为买方，需要调查谈判所涉

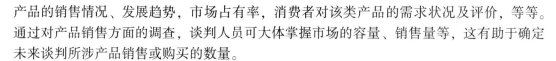

产品的销售情况、发展趋势，市场占有率，消费者对该类产品的需求状况及评价，等等。通过对产品销售方面的调查，谈判人员可大体掌握市场的容量、销售量等，这有助于确定未来谈判所涉产品销售或购买的数量。

4. 产品竞争

有关产品竞争的信息主要包括生产或购进同类产品的竞争者数目、规模以及该类产品的种类；生产该类商品的各主要厂家的市场占有率及未来变动趋势；各品牌商品所推出的形式与售价幅度；消费者偏爱的品牌与价格水平、性能与设计；各主要竞争者所能提供的收购服务的方式及客户对此的满意程度；当地经销商和零售商的毛利率与各种行情；当地制造商与中间商的关系；各主要竞争者所用的营销类型及支出额等。

（三）对谈判对手的调查

在对谈判环境因素进行调查分析后，对谈判对手情况等相关信息的搜集和分析也必不可少。对谈判对手的调查主要包括以下四个方面。

1. 对谈判对手合法资格的审查

（1）对谈判对手的法人资格进行审查，即审查对方是否有自己的组织机构、名称和固定营业场所与财产，是否经过注册登记，在哪个国家进行的。在审查时，可要求对方提供有关文件，并验证其真实性。另外，特别需要注意的是一定要确认对方法人的国籍，即若发生纠纷时应适用哪一国的法律来解决。

（2）除了谈判对手的法人资格需要审查，对前来谈判的谈判对手的资本信用与履约能力也应进行审查。在大多数情况下，由于前来谈判的人员是公司某部门的负责人，所以谈判中容易存在代表资格或签约资格的问题。虽然企业的任何人都可以代表企业对外谈判，但从法律的角度来说，只有董事长、总经理等人有权利对外签约。因此，在谈判签订合同时，应注意签约对象的身份。

2. 对谈判对手公司性质和资金状况的审查

从法律的角度而言，企业的组织形式有个人独资企业、合伙企业、有限责任公司、股份有限责任公司等多种。由于企业类型不同，其法律性质、经营管理方式及经济上的利弊也不同。

其中，个人独资企业和合伙企业不具备法人资格，出资者以个人的全部财产对企业的债务承担无限责任。此类企业数量众多，但大多规模小，且资金有限。有限责任公司和股份有限公司在法律上具有独立法人资格，可用公司名义在法院起诉和应诉。

我国企业大多与国外股份有限公司合作，而不同国家对于此类公司的成立条件，包括所设认购法定最低金额规定不一，因此企业的资本状况也存在很大的区别。

在商务谈判前期，应该仔细审查对方公司性质等基本信息，甄别对方的可靠性。

3. 对谈判对手公司的营运状况和财务状况的审查

财务状况是指企业自有资金是否充裕、是否有足够的支付能力、盈利率高低、固定资产的现状及折旧程度的有关资金、盈利的总体评价。

经营状况是指产品的生产、销售状况等有关经营方面的评价。企业的经营状况与财务状况并不完全一致，甚至差异较大。即使是注册资本庞大的公司，也可能会由于经营不善而负债累累，甚至破产。

营运与财务状况的调查应尽可能全面。首先，应比较销售额与盈利额。有些公司虽然经营状况良好，但由于产品成本过高，因此盈利率并不高。其次，应比较营业额与企业负债额。如果盈利率高，但负债额大，则需偿还巨额贷款利息。最后，应比较企业固定资产折旧状况与盈利水平。若盈利水平高，但固定资产磨损状况严重，且固定资产更新改造资金被大量挪用，则企业存在经营危机。

总体而言，对谈判对手公司的营运及财务状况进行审查的目的是分析企业总购买力中有多少具有现实支付能力、能否建立长期贸易关系以及买卖的规模有多大。

4. 对谈判对手商业信誉情况的审查

商业信誉是指在同行业中，由于企业经营管理处于较为优越的地位，能够获得高于一般利润水平的能力而形成的一种价值。

对企业形成商业信誉的影响因素主要有优良的商品质量、良好的信誉、周到的服务、有力的广告宣传、著名的商标和品牌等。

二、背景调查的手段

（一）背景调查的信息渠道

在进行背景信息搜集工作时，由于所需信息多（包括谈判环境、市场信息以及对谈判对手的信息调查），谈判人员很难通过第一手资料或实地考察来获取信息，因此常常使用二手资料来作准备工作的信息分析。若资料获取渠道的可靠性能够得到保障，则利用第二手资料既能节省成本，又能得到真实度较高的信息。

背景调查的工作渠道主要有以下五类。

1. 政府公布数据

大多数国家的政府都会公布国内、国际的经济数据以及统计年鉴等，涵盖宏观经济信息和微观经济信息。其中，宏观经济信息一般包括该国人口、与他国贸易往来情况以及世界工业、农业产品生产情况等；微观经济信息包括各主要行业的生产与消费等情况、发展前景和该国的国际贸易形势。

2. 服务组织或专门机构

服务组织或专门机构包括银行、进出口公司、会计师事务所、货运公司、航空公司、咨询公司与研究公司等都能提供相关的专门信息。此类服务组织所提供的信息侧重于商务实践、立法或规章制度等方面，也包含了金融、贸易等经济数据。由服务组织提供的信息针对性强、可靠性高，也较为有效。

3. 各种会议

可通过参加各种商品交易会、展览会、订货会以及经济组织专题研讨会来获取信息。此类渠道的特点是提供前沿信息，且信息价值高。

4. 在线服务

借助电子信息服务系统，可快速完成信息搜索，如公司、产品、市场与其他多种信息。在线服务提供的信息种类多样，内容详细，但需要信息搜集者进行信息的甄别与判断。

5. 知情人士

有相关信息渠道的人士可作为知情人士提供信息，如公司商务代理人等。

（二）背景调查的方法

1. 访谈法

通常，调查者是直接面对访问对象，通过问答获取目标信息。访谈可对个别对象进行单独采访，也可召集多人举行座谈。访谈前应准备访谈提纲，根据目标信息设计访谈话题与问题。在访谈时，访谈人员应利用访谈技巧进行恰当的提问，准确捕捉信息并收集有关资料，同时也要适当地做出回应。在访谈的过程中，可以用录音或录像的形式做好记录；在访谈结束后，再对记录进行整理分析。访谈法的特点在于可以有针对性地选择访谈对象，获取的信息与目标需求匹配度高。

2. 问卷法

在设计问卷时，需要格外考虑问卷设计的科学性与针对性。注意，问卷需要反映实际人群的代表性与真实需求，且有利于实现调查者的主导意向并方便后续的整理和分析。

问卷需要圈定所需了解的问题的范围，可以通过阅读相关行业研究或类似问卷调查来整理思路。

3. 文献法

文献法是根据一定的目标和任务搜集相关文献即第二手资料的调查方法。文献调查法的搜寻途径为报纸、杂志、书籍、档案、统计报表、录像及图片等。文献法的缺点是获得的文献资料与信息较实际情况存在一定差距。

4. 观察法

观察法指调查者带有明确目的来到现场，通过观察后进行有针对性搜集信息的方法。参与观察可通过共同活动来深入了解情况，体验到被观察者的感受；非参与观察可利用各种仪器工具来进行观察。观察法也有局限性，即到场观察的困难程度以及观察时受主观意识的影响十分强烈。

5. 实验法

实验法即对调研内容进行现场实验的方法。商务活动中有许多实验法，如商品试销、试购等。此类调查方式可发现一些在静态时不易发现的情况。

（三）背景调查的原则

1. 可靠性

收集的信息要真实可靠，应选用经过验证的结论、经过审校的数据以及确认过的事实，再通过多种调查方法，从不同角度反映客观事实。

2. 全面性

背景调查的信息应具有全面性，从整体上反映事物本质。在商务活动中，经济环境、市场状况、产品销售以及谈判对手情况等信息往往较复杂且在时间、空间上容易存在差异。因此，背景调查的全面性有助于所获得信息的准确性。

3. 可比性

调查资料的可比性指资料的横向比较与纵向比较。其中，横向比较是指调查者针对某同一问题收集多个资料以得出结论的方法；纵向比较是指调查者通过时间轴分析所获信息的过去、现在以及未来的发展趋势的方法。

4. 针对性

由于背景调查的工作内容繁杂，耗费时间长，因此应将与谈判关系最为密切的目标信息进行优先重点调查，以提高工作效率。

5. 长期性

背景调查不仅仅是商务谈判前的一项准备工作，也是企业的长期任务。在企业经营管理中，需要建立完善的信息收集网络，并将重要信息存档。这些都能为企业经营与商务谈判提供各种决策依据。

第三节 组织准备

一、谈判人员的遴选

（一）谈判人员应具备的基本知识

国际商务谈判人员应具备扎实的知识结构，在商务、谈判以及人文方面都能有深厚的知识基础。国际商务谈判人员的基本知识主要涵盖以下三大方面。

1. 商务方面的基本知识

（1）我国有关对外经济贸易的方针政策以及相关法律法规。

（2）国外有关法律知识。

（3）有关国际贸易与国际管理知识。

（4）所涉商品在国际、国内的生产状况与市场供求情况等。

（5）所涉商品的价格水平及其变化趋势、技术要求与质量标准。

（6）所涉商品的性能、特点、用途以及生产潜力或发展的可能性。

2. 谈判方面的基本知识

（1）丰富的谈判经验和应对谈判过程中复杂情况的能力。

（2）了解国外企业的类型、性质及相关情况。

（3）熟悉谈判心理学与行为科学。

3. 人文方面的基本知识

（1）各国的风俗习惯。

（2）不同国家谈判对手的风格与特点。

（二）谈判人员应有的素质

国际商务谈判人员应具备出色的能力与良好的心理素质。具体而言，谈判人员应有的素质包括以下四个方面。

1. 敏捷清晰的思维能力

在谈判过程中，在利益抗衡的驱使下，谈判双方进行激烈的对抗和力量的角逐。谈判人员需要根据自身的知识与经验，就谈判事项进行分析与判断。在与对方的磋商和角逐中努力使自己的提议与要求得到实现。与此同时，谈判人员也承受着巨大的心理压力。因此，谈判人员需要清晰、敏捷思维能力以克服强压与不利因素，并通过有逻辑、有说服力的语言来影响对方。

2. 语言表达能力

谈判人员的能力与水平通常表现在信息表达与传递上。在语言表达上，分为有声语言与无声语言。有声语言体现在说话者实际的口头语言表达上，其是否有逻辑条理地准确传达信息，并能根据谈判对象特点与谈判具体事项灵活处理语言沟通策略。无声语言也称为态势语，这种非言语交际在沟通中是不可替代的。在口语交际中，人们通过表情、手势以及体态等来传达信息。细微的表情差异、不自觉的肢体动作等都能传递一定的信息。如果抓住这些信息，就有利于谈判人员判断对方信息的真实性。在非言语交际中，特别涉及多方、多国、多地区的交流，人们的手势也蕴含着不同的含义。

因此，谈判中也应对手势多加注意。

3. 坚韧的意志与足够的耐心

商务谈判是场耐力战。从谈判前的信息调查、组织准备到真正的谈判拉锯战都是对谈判人员意志与耐力的考验。在谈判前期设置合理目标并安排周全计划之后，谈判人员依靠毅力与耐力与对方周旋，以期最终达到自己的目标。当谈判顺利时，必须乘势头前进，步步深入以期扩大战果。即使遇到双方僵持不下的情况，也应据理力争，维护己方的最大可得利益。

4. 敏锐的洞察力与高度的应变能力

商务谈判的环境复杂多变，这就要求谈判人员善于察言观色，及时掌握对方动向，摸清对方行动的意图，适时调整谈判策略，灵活应对。

谈判人员应随时根据谈判中的情况变化，透过复杂多变的现象，抓住问题的实质，迅速分析并做出判断，果断提出解决问题的具体方案。在谈判场上，由于双方的主谈人员负责掌握全局，因此对于他们的各项能力都有极高的要求，如要有长远的目光运筹帷幄，善于针对谈判内容的轻重、对象的层次来决定并调整策略部署，这样才能适应谈判场上的形势变化。

二、谈判组织的构成

（一）谈判组织的构成原则

谈判队伍的构成应满足多学科、多专业的知识需求。如果谈判队伍规模过大，容易产生内耗，从而增加开支，也不利于谈判的进行。如果谈判人员过少，就可能难以应付谈判中需要及时处理的问题，因此谈判期限的拖长也可能会导致时机丧失。谈判队伍的确定应该遵循以下四点构成原则。

1. 根据谈判对象确定组织规模

从理论上来说，谈判队伍没有固定统一的人数要求。一般商品的交易谈判需要 3~4

人。若谈判项目庞大，涉及的内容多且复杂，则可分为若干子项目的小组进行谈判，并可适当增加人员，但总数不应超过 8 人。以 4 人为单位的谈判小组既可以保证其队伍内各成员有效的分工合作，也能保持内部通畅的交流。对于谈判队伍的带头人来说，除了自身需要应对迅速增加的信息量，还需要管理其队伍成员，发挥各谈判人员的优势与能力，统筹全局，协调统一。因此，该领导人需要在管理上合理分配精力。通常，效的管理幅度以 3 人为宜。

此外，大型国际贸易谈判所涉人员通常要求具有扎实的商品、贸易以及法律知识，高超的专业技术以及熟悉国家人文特征等的专家。这些专家在不同领域各有所长，但若将他们一次性地全部列入谈判人员中，则规模会过于庞大且较不利于领导人管理。因此，谈判过程中可以采取人员轮换的方法，即在当某几个人完成某部分谈判任务后，在转换谈判内容时，调换另外几名谈判人员上场，这样，谈判桌上的谈判人员总数不会有太大的变化。

2. 谈判人员被赋予法定代表人资格

谈判具有达成符合双方利益需求的协议的目的性，而整个谈判过程必须依据法律程序进行。那么，只有当谈判代表具有法定代表人的资格时，才能拥有相关权力能力和行为能力，有权处理经济谈判活动中的一切事务。谈判人员即使被赋予法定代表人资格，也只能在其权限范围内行使权力，任何越权行为都由本人负责。可作为谈判代表的法定代表人有厂长、经理、本企业员工，以及律师。若本企业员工或律师受委托进行代理谈判，则事先需要出示授权委托书，并注明该代理人所负经济和法律责任的具体内容、目的、要求与期限等。

3. 谈判人员应层次分明、分工明确

由于谈判过程往往涉及许多专业性知识，谈判组织的构成应既要有掌握全面情况的领导者，也要有擅长各专业领域的人才。因此，在选择谈判人员时，应统筹人员层次并给予明确的工作任务。

4. 组成谈判队伍时要贯彻节约原则

商务谈判（特别是涉外的国际商务谈判），总是需要花费大量的财力、人力及物力。对于企业来说，对外谈判的费用是一项不小的负担。因此，企业在组织谈判队伍时需要充分考虑预算问题，节省谈判费用。最佳方式是将谈判费用纳入企业经营成本中进行统一规划。

（二）谈判团队的组织结构

国际商务谈判通常需要商务、技术、法律以及语言等方面的专家，因此谈判团队往往由以下人员组成。

1. 商务人员

商务人员可由企业的经理、工厂厂长或者是熟悉贸易惯例、了解交易行情的有经验的业务员担任。

2. 技术人员

技术人员可由熟悉生产技术、产品性能和技术发展动态的技术员或工程师担任。他们在谈判过程中主要针对产品及技术质量、服务等问题与对方进行磋商。另外，他们也可作

为技术参谋与商务人员配合进行价格决策。

3. 法律人员

法律人员通常由企业法律顾问或熟悉法律规定的人员来担任。法律人员在谈判中的主要职责为确认谈判对方经济组织的法人地位，负责的工作是监督谈判程序在法律许可范围内进行，检查法律文件的准确性和完备性。

4. 财务人员

财务人员通常由熟悉成本情况、支付方式及金融知识并具有较强财务核算能力的会计人员担任。财务人员应掌握该谈判项目总的财务情况，了解谈判对方在项目利益方面的期望值，分析、计算和修改谈判方案所带来的收益变动，为主谈人提供财务方面的意见，在正式签约前制作以合同为基础的财务分析表。

5. 翻译人员

翻译人员由熟悉外语及相关专业知识的人员担任。若能熟悉国家人文特征则最佳。

在国际商务谈判中，翻译人员实际上是必不可少的。尽管主要谈判人员本身有较高的外语水平，但谈判过程紧张且需要消耗极大精力，谈判人员需要察言观色，分析信息，采取适当的谈判策略。虽然谈判人员在谈判开始前已有所准备，但并不能预见谈判中出现的所有问题，因此需要及时调整思路以做出应对。翻译人员的作用不仅是搭建起双方语言沟通的桥梁，还能起到缓冲的作用，为谈判主谈人赢得思考对策的时间，减轻压力，甚至能够帮助主谈人挽救谈判失误。

翻译人员需要注意的是，翻译时应当做到忠实、准确。如果翻译人员认为谈判人员的意见或谈判内容不妥，则可提请其考虑，但必须以主谈人的意见为最后意见，不能直接向对方表达个人意见。

6. 谈判领导人员

企业通常委派专门人员来担任谈判团队的领导人员（主谈人）或者由谈判队伍中重要的商务人员来担任。根据不同的谈判内容，谈判领导人员也应由不同的人来担任。当谈判内容为购买原材料时，可由采购部经理、总工程师或生产助理等担任主谈人。进行重要销售合同的谈判时，主谈人可由销售部经理、资历较深的业务总管或担任此合同谈判的项目经理担任。关于合同争议问题的谈判，则由项目经理、合同执行经理或其他曾参加过谈判的有关部门经理担任主谈人。

7. 记录人员

记录人员可委派专人担任。记录人员应准确、完整且及时地记录谈判内容，如谈判双方在讨论过程中出现的问题，提出的条件以及达成的协议。此外，记录人员也应将谈判人员的表情、用语与习惯记录下来。

不同的谈判存在不同的复杂度，因此可根据情况调配人员，甚至一人身兼数职。若谈判人数过多，可根据各自职能分配成立多个小组，如商务组、技术组与法律组等。另外，谈判人员也分为出席谈判的人员以及幕后工作者。出席谈判的人员负责分析临时提出的信息以及磋商；而幕后工作者则负责收集整理有关资料，为出席谈判的人员提供技术和价格谈判的依据。谈判队伍各成员之间应相互配合，共同为谈判成功打下基础。

三、谈判地点的选定及场景布置

(一) 谈判地点的选定

商务谈判的地点一般有三种, 包括在己方国家或公司所在地谈判、在对方所在国家或公司所在地谈判、在谈判双方地点之外的国家或地点谈判。

1. 在己方国家或公司所在地谈判

若在己方国家或公司所在地谈判, 己方谈判者的精神压力较小, 也能增强自信心。由于熟悉地理、社会环境与该环境的人际关系, 他们不需要再消耗精力去准备这方面的事宜, 也不需要长途跋涉前往对方所在地, 从而能够将精力集中地用于谈判。谈判人员之间, 特别是参加谈判的人员以及幕后工作人员应该保持紧密的联系与沟通。谈判队伍也能便捷地与高层人员联系, 获取所需资料与指示。此外, 己方谈判人员可选择熟悉的谈判场所, 并进行接待安排。

即便如此, 在己方地点谈判, 对于己方来说也有诸多不利因素。由于在己方公司所在地, 己方人员可能容易受到公司其他事务的影响, 而不能全身心投入谈判。另外, 由于能够随时与公司高层保持联系并请示相关决定或事宜, 己方人员也容易在谈判过程中失误。对于己方公司来说, 负责安排谈判的会场与相关事宜, 如接待、宴请与游览等, 都是一笔较大的费用支出。

2. 在对方所在国家或公司所在地谈判

若在对方地点谈判, 更能发挥己方谈判人员的主观能动性。这是因为由于远离高层领导的指导, 谈判人员可在事前领导规定的范围内拥有一定的决定权。这使谈判人员能够根据谈判情况随时调整策略, 并在所给予的职权内行使一定的权力, 也能减少对领导指示的过度依赖。谈判人员在对方地点进行拜访时, 也能实地考察对方公司, 从而获取更多的第一手资料, 有利于对对方资料真实性的判断, 也能挖掘出更多的信息作为谈判的筹码。与此同时, 己方人员也省却了作为东道主必须承担的宾客接待与活动安排等开支较大的事项。

在对方地点谈判除了具有以上优势外, 对己方人员也有不利因素。首先, 由于与己方公司相距甚远, 获取资料及传递信息会相对困难, 重点问题也无法及时与总部沟通磋商。其次, 己方谈判人员初到对方地点时, 很可能不适应当地的环境、气候与饮食等, 还可能由于受到旅途劳累等因素的影响, 而感到身体不适。最后, 己方人员还易受对方过多招待与游览安排影响而浪费精力和时间。

3. 在谈判双方所在地点之外的国家或地点谈判

在谈判双方所在地点之外的地点谈判对双方来说都是平等的, 既不存在主场优势, 也不存在客场劣势, 因此双方都能全身心地投入谈判之中。尽管如此, 第三方地点的选定过程也相对困难。由于采取这种谈判地点的谈判双方之间的关系不是很融洽, 信任度也不高, 因此要让双方都满意并不容易。

(二) 谈判场景布置

商务谈判场所应满足以下要求。

(1) 谈判场所应有方便的交通与通信方式, 便于人员来往, 且可以满足双方的通信要求。

（2）环境优美、安静。

（3）设施完好。

正规的商务谈判场所共有三类房间，包括主谈室、密谈室和休息室。

①主谈室应当宽大舒适、光线充足、温度适宜，能使双方心情愉快、精神饱满地参加谈判。谈判室内不宜设有电话与录音等设备，这样不仅容易干扰谈判进程，泄露机密，也会给双方带来巨大的心理压力，从而阻碍谈判的正常进行。

②除了主谈室外，密谈室也是谈判的一个重要场所。密谈室是供谈判双方内部协商机密问题而单独使用的房间。密谈室都有较好的隔声性能，且有窗帘遮挡。而己方人员在外地场所谈判时应提高警惕，注意密谈室内是否装有录音设备等，以防止有人偷录密谈内容。

③商务谈判通常还会备有休息室供双方在谈判间隙休息时使用。休息室应当布置得轻松舒适。同时，还应准备茶点等来调节谈判人员心情，舒缓气氛。

谈判双方的场景安排也需遵循国际惯例，讲究礼节。谈判场景安排主要分为三种，第一种是使用圆桌或者不使用桌子；第二种是使用长桌或椭圆形的谈判桌，通常用于双边谈判；第三种为主席式，通常用于多边谈判。

使用圆桌或者不用桌子的方式通常表达了双方愿意合作的意愿。谈判人员可能会在围成一圈的沙发上混合就坐，这种方式便于双方沟通，可以活跃谈判气氛，还能减轻双方对立的心理，但谈判人员无法及时与各自队伍中的成员交流与协商，也不利于资料的保密。

最为常见的谈判场景则是谈判双方各居谈判桌的一边相对而坐。其具体划分也有横桌式与竖桌式两类。其中，横桌式指谈判桌在谈判室内横放，主方人员背门而坐，客房人员面门而坐；竖桌式指谈判桌在谈判室内竖放，排位以进门时的方向为准，右侧由客方就坐，左侧则由主方就坐。无论是横桌式还是竖桌式，双方的主谈者必须居中就坐，而各方的其他人员则依具体身份自高向低地分别在各方一侧就座。此外，在国际商务谈判中，翻译人员应被安排在紧靠主谈人右侧的座位上。这类座次安排有利于己方信息的保密，不仅能够方便己方人员交流和磋商，也能带来安全感和凝聚力。然而，这种方式属于人为制造对立感，强化了紧张的谈判气氛，如图1-1和图1-2所示。

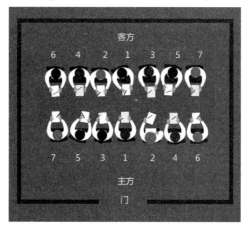

图1-1　横桌式商务谈判座次

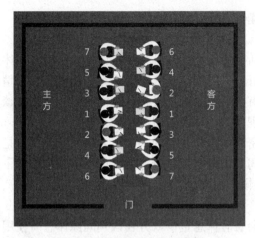

图1-2　竖桌式商务谈判座次

当进行多边谈判时，常使用主席式座次安排，即在谈判室内面向正门设置一个主席位，供各方代表发言时使用。其他各方人员则一律背对正门、面对主席位分别就坐。各方代表发言完毕后也须下台就座，如图1-3所示。

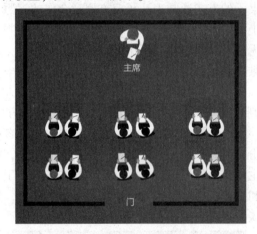

图1-3　主席式谈判座次

第四节　计　划　制　订

一、目标确定

谈判主题是谈判的中心。具体来说，谈判主题是参加谈判的目的、对谈判的期望值和期望水平。在制订谈判方案时，往往都以谈判主题为方案中心。在表达谈判主题时，应言简意赅，以保证全体谈判人员能牢记谈判主题。

谈判目标的制订实则是谈判主题的具体化。整个谈判活动必须围绕这个具体目标进行。不同的谈判类型或内容有不同的谈判目标。当谈判是为了获得资金时，则以可能获得的资金数额作为谈判目标；若谈判是为了销售产品，则以某种或某几种产品可能的销售数量、质量以及交货日期、方式作为谈判目标。若谈判是为了采购原材料，则以能满足本企业、地区对原材料的需求数量、质量等作为谈判目标。

谈判目标不仅带有主观的预测性和决策性，还会受到自身、他人的利益需要以及各种客观因素的影响。

谈判目标具体可分为以下四个层次。

1. 最高目标

最高目标也称作最优期望目标，是己方所要追求的最高目标。如果谈判超过了最高目标，则面临谈判破裂的可能。最高目标是属于理想化的目标，通常是己方人员希望得到又难以得到的目标上限。这是因为商务谈判是双方争取利益从而使利益重新分配的过程。谈判者们都希望获得的利益能越大越好，但在现实中并不可能指望每次谈判中都能获得最大利益。

尽管最高目标的实际作用并不明显，但该目标通常是谈判开始的话题。如果谈判者过于诚实，在一开始就提出实际需求目标，则会受到双方谈判心理作用和对手实际利益的制约，几乎不可能在后续的谈判中获得比该目标还优的结果。因此，谈判者所提出的谈判目标应是最优期望目标。

最优期望目标即实际需求的资金数额加上多报的价格。通常在谈判过程中，如果己方提出了自己的最优期望目标，对方为了自己的利益是不可能一口答应的。对方会根据谈判前期准备阶段所收集了解的信息（如偿还能力、经济效益高低等）来判断估计己方的实际需求目标。为了使谈判深入下去并掌握主动权，对方会故意压低己方的报价，双方此时则应列举各种理由来论证，如果谈判顺利，最终的谈判结果可能会在己方的实际需求目标上下浮动。然而，如果最终谈判结果低于己方的最低目标，则谈判失败。需要说明的是，最优期望目标并非绝对达不到的。例如，一家信誉极高的企业与一家资金雄厚、信誉良好的银行谈判，达到最优期望目标的机会是存在的。

2. 实际需求目标

实际需求目标是谈判各方根据主客观因素并考虑各方面情况，经过科学论证、预测与核算后，纳入谈判计划的谈判目标。这是谈判者应该调动各种积极性，使用各种谈判手段，努力达成的谈判目标。

实际需求目标一般是谈判方的内部机密。谈判者在谈判桌上不会轻易提出该实际需求目标，只会在谈判过程中的某几个微妙阶段或特定的策略使用阶段才会提出。而更为常见的是，这一目标会由谈判对手来挑明，而己方人员则顺势而为，恰好满足自身的需求。与此同时，该目标也是谈判者必须坚守的最后防线。因此，若无法达成这一目标，谈判可能会陷入僵局或暂停。接下来，谈判者会利用暂停的时间在内部讨论对策。通常，实际需求目标关系着谈判一方的主要或全部经济利益，所以该目标对于谈判者有强烈的驱动力。

3. 可接受目标

可接受目标是谈判中可努力争取或做出让步的范围。该目标能满足谈判一方的部分需求，实现部分经济利益。例如，当资金供方由于资金筹措能力不足等原因只能提供部分资金时，这部分资金未能满足需方的全部实际需求，即被需方列为可接受目标。那么在谈判前制订谈判方案时应充分估计到供方只能满足部分需求的情况而制订相应的谈判目标。

对于谈判一方来说，谈判者可能会抱有只要获得部分资金谈判便成功了的想法，也有可能靠和谈判伙伴多沟通获得总体利益。

4. 最低目标

最低目标是商务谈判必须实现的目标，这是谈判的最低要求。若无法实现最低目标，谈判一方则宁愿谈判破裂也没有讨价还价、妥协让步的可能。在谈判的开始阶段，谈判人员通常会提出很高的报价（大多数是最优期望目标），实际上这是保护最低目标，甚至可接受目标和实际需求目标的一种策略。

若谈判当事人的期望值过高，则容易盲目乐观。那么若在谈判前的计划制订阶段确定好最低目标，则能帮助谈判人员创造良好的应变心理环境，也提供了可供选择的契机。若没有提前设定最低标准，谈判人员往往会由于缺乏应变思维而对谈判中的突发情况或对方突然提出的条件无所适从。

尽管过高的期望值容易诱发谈判人员的积极性，但若没有达成该预定目标，也会影响到所属经济行为的稳定性。因此，制订切合实际的谈判目标对于企业来说不仅有利于推动谈判进程，也能产生较强的群体凝聚力。

最低目标是低于可接受目标的。可接受目标在实际需求目标与最低目标之间选择，是一个随机值。最低目标是谈判一方依据多种因素，特别是其拟达到的最低利益而明确划定的限制。

在确定谈判目标系统与层次时，应注意坚持实用性、合理性与合法性的原则。谈判双方应根据自己的经济能力和条件谈判，只有这样，谈判的结果才能付诸实施。另外，谈判目标也应依据时间与空间来制订。在千变万化的市场条件下，某谈判目标在一定的时间与空间范围内是合理的，但在另一个时间与空间范围内可能就是不合理的。此外，商务谈判目标还必须符合一定的法律规则。

二、策略布置

（一）商务谈判策略的概念

商务谈判策略是对谈判人员在商务过程中根据谈判战略目标的要求和谈判情况的变化，是实现特定的谈判目标，贯彻实施谈判战略方案，所采取的各种方式、措施、技巧、战术、手段及其反向与组合运用的总称。这些策略既可以正向运用，也可以反向运用；既可以使用策略的一部分，也可以运用其中几部分并相组合。策略中的方式、战术、手段与技巧等都是交叉联系的。

大多数的商务谈判策略都是事前决策的结果，是科学制订策略本身指导思想的反映，同时也是谈判实践的经验概括。谈判策略规定了谈判者在能预见自己可能发生的情况下应该做与不应该做的事。谈判策略的制订并不是一蹴而就的，需要集思广益，在酝酿和运筹的过程之后才能定下恰当的谈判策略。

需要与商务谈判策略区分的另一个概念是商务谈判战略。商务谈判战略实际上是商务谈判宏观策略，即实现谈判总目标的原则性方案与途径。其目的是获取商务谈判的全局利益和实现商务谈判的长远利益。商务谈判战略具有完整性、层次性、阶段性与相对稳定性。

相对地，商务谈判策略又称作商务谈判微观策略，是完成或实现商务谈判战略的具体方案、手段和战术的总称，一般旨在赢得局部或阶段性利益。策略的实施往往会为了服从整体利益和总体目标而暂时舍弃某些局部利益。

商务谈判策略具有以下特征。

（1）针对性。商务谈判本身具有很强的针对性，即谈判各方都为了满足某种需求而共同沟通与磋商。策略的运用也同样应针对谈判过程中的具体情形而采取不同的措施。

（2）预谋性。谈判策略是谈判人员事先商讨并通过集体智慧所创造出来的。

（3）时效性。一定的策略只能在一定时间内产生效用或使效用最大化。例如，某种策略适合在某个阶段使用或在某段特定时间内使用。

（4）随机性。商务谈判应依据实际情况并结合过去的经验与现实的创新随机应变，并采取适当的策略来解决实际问题。因此，从应用上来说，谈判策略是具有随机性的。

（5）隐匿性。商务谈判策略一般只为己方知晓，且应尽可能保密。

（6）艺术性。商务谈判策略的运用及其效果必须具有艺术性。具体来说，策略的运用应满足自身的利益需要，也要争取达成协议。

（7）综合性。商务谈判策略的运用并不是单一的。在谈判的过程中，谈判人员具有复杂的心理过程，还需要综合考虑客观实际与谈判桌上的突发情况，因此对各种谈判方式、战术以及技巧等都要综合运用。

商务谈判策略具有一定的规定性，其主要构成要素包括内容、目标、方式和要点。策略的内容及策略本身所要解决的问题，是策略运筹的核心。策略目标指该策略要完成的特定任务，表现为谈判本身追求什么、避免什么。谈判的方式是策略表现的形式和方法，如战术、技巧、手段等。策略的要点是实施策略目标的关键点所在。例如把握和运用好策略使用的度也是关键点。

制订商务谈判的策略也应遵循一定的逻辑顺序。首先，应了解影响谈判的因素，这是制订谈判策略的起点。影响谈判的因素众多，如双方的分歧点、态度等。只有对相关信息进行分析与判断，才抓住关键问题。另外，找出关键问题后，仍需要视当时的环境变化来调整和修订原来的目标。这个过程实际上是一个根据自身条件和谈判环境的要求寻找各种可能目标进行动态分析判断的过程。其次，根据谈判中不同问题的不同特点，逐步形成假设性的解决方案，并对少数比较可行的策略进行深入分析。对这些方法进行分析与比较，从中选出若干个比较满意的策略。这些策略不仅应具有有效性，还应具有可行性，即策略的针对性要强，既能切实解决问题，又可实现利益目标，还应简便易行，能够在谈判对方的认可和接受范围之内。接着，再对拟定的谈判策略进行评价，需要考虑提出这些假设性谈判策略的方法，尤其特别需要提前考虑根据谈判的进展情况。最后，在具体的谈判策略基础上拟定行动计划草案。该草案中应包括从一般到具体地拟定每位谈判人员必须完成的事，并安排妥当，以便进行反馈控制和追踪决策。

（二）商务谈判策略的类型

1. 个人策略和小组策略

根据谈判人员组成规模的不同，谈判策略分为个人策略和小组策略。个人策略是指单个谈判者面对面进行谈判时所运用的策略。因此，当谈判各方只有单人参与时，谈判实际上是一项涉及交换意见、说服对方和解决问题的个人活动。在这种情形下，提高个人的谈判能力则成为重中之重。小组策略是指进行集体谈判时所选用的策略。每个小组包含众多专业人员，每个谈判人员都带有各自的谈判任务和职责，代表集体的利益。

2. 姿态策略和情景策略

姿态策略是指在谈判过程中，谈判各方采取的旨在应对对方姿态的一种主观性策略，作用在于创造有利于己的谈判气氛并以此影响谈判的进程或结果。姿态策略分为积极姿态策略和消极姿态策略。其中，积极姿态策略主要是为了影响对方做出有利于己方或是向对方强调能与己方合作定会获利的策略，特点是正面鼓励或引导。消极姿态策略是为了防止对方做出不利于己方的行动和表现而采取的策略，特点是否定姿态，行为报复。在实际中，这两种策略常常结合使用。

情景策略是指在某些特定情况下为取得某些利益所使用的特定手法。情景策略具有固定性和明确性两大特点。其中，固定性是指在特定情况下处理问题的特定手法已形成了具有规律性的套路，是人们在长期实践中总结出的经验。明确性是指由于其具有固定性，当谈判一方采取该策略时，谈判的另一方也早有准备了。

3. 速决策略和稳健策略

速决策略是指在谈判中能够促进快速达成协议，完成谈判任务的策略。这些策略通常时间较短，目标设置不高，在让步方法上果断诚实，一步到位，谈判效果较好。稳健策略是谈判时用来与对方持久磋商，使双方在相对比较满意的情况下达成协议的策略。这类策略时间较长，目标设置较高，在让步方法上具有耐性，但也有一定的风险。

4. 进攻性策略与防御性策略

进攻性策略是指谈判人员在谈判中通过主动采取行动而取得谈判优势和主导地位的策略。谈判人员通常态度强硬，难以让步。例如先声夺人、出其不意和车轮战等都属于进攻性策略。防御性策略是指谈判人员不主动进攻，而是采取防守或以守为攻的策略。谈判人员通常以逸待劳，态度软弱。

5. 回避策略、换位策略和竞争策略

回避策略主要以避免正面交锋的方式来缓解解决难题，以此来赢得谈判目标，其实质是以退为进。常用的回避策略有以柔克刚、以退获利等。换位策略指谈判人员从对方的角度来考虑彼此的利益与需要而采用的策略，如偷梁换柱、循环法则与换位法等都是换位策略。竞争策略是指在多角谈判或面对潜在对手威胁的情况下利用竞争机制或破坏竞争机制的方式来谈判。其主要有货比三家、联合取胜、制造竞争与放低球等略略。

三、议程拟定

在拟定议程时，应注意议程要有互助性与简洁性。也就是说，议程需要符合己方自身需求的同时，也要兼顾对方的实际利益和习惯做法。不仅如此，谈判议程应保持简洁，过多的谈判事项常常会形成人们的思想负担。通常来说，商务谈判的议程至少应包括时间安排、谈判议题以及通则议程与细则议程三项。

1. 时间安排

谈判议程中应有明确的谈判时间与时长。对于有分阶段的谈判，还需要明确各阶段时间以及各阶段的议题。具体的时间应合理安排。若时间仓促，谈判人员准备得不充分，还容易受到时间的限制而心浮气躁，无法沉着冷静地实施谈判策略。若时间安排得过于宽松，对于谈判人员的时间与精力也是无谓的消耗。随着时间的推移，各种环境因素会发生

变化，谈判各方的精神、物质压力也在逐渐加大。

除了考虑议程中必须明确的谈判时间与时长外，还需要考虑以下三个因素。

（1）确定谈判开始的时间需要考虑谈判方的准备工作量，必须预留足够的时间来做充分的准备，但也不能将谈判尽量往后延。由于市场情况瞬息万变，如果所谈项目与市场形势密切相关，那么应避免长时间谈判，应及早、及时地进行谈判。

（2）对于一项长时间的谈判来说，应将其分割成几个较短时间的阶段来进行，还要适当安排休息，这样能保证谈判人员的精力，也能为谈判方各自团队内商讨提供机会。

（3）对于包含多项议题的大型谈判，所安排的谈判时间应相对长一些，而对于只包含单项议题的小型谈判，应力争在较短时间内达成一致。

需要注意的是，谈判过程中的各阶段安排也应与议题相适应。对于双方意见分歧较小的议题应尽量在较短的时间内解决；对于主要的议题或争执较大的焦点议题，应将其安排在整个谈判时间的前五分之三阶段来讨论。如若把焦点性问题放在这五分之三阶段的前两个小时来讨论，则更有利于问题的解决。另外，也要合理安排谈判人员发言的顺序和时间，特别是己方关键人物关键问题的提出时机以及给对方意向表达留有的时间余地。除此之外，己方具体的谈判期限也应该在谈判开始前保密。这是因为若对方摸清己方的谈判期限，很有可能用各种方法来拖延时间，直到谈判期限临近时才开始谈正题，此时己方往往由于希望在紧迫时间内完成谈判任务而接受不理想的谈判结果。

2. 确定谈判议题

谈判议题即为双方谈判时的讨论对象。首先，应将与本次谈判待讨论的有关问题罗列出来。其次，对此谈判议题分类后再进行分析与比较，确定重点与非重点问题以及与己方的利弊关系。重要的问题即主要议题，列入重点讨论范围，而非重点的问题或者对己方不利的问题可适当回避，这也有助于己方在谈判中处于主动地位。最后，预测对方可能会提出哪些问题，并考虑当对方提出这类问题时己方应采取的应对策略。

谈判议题的顺序安排也有不同类型，分为先易后难、先难后易和混合型等集中安排方式。其中，先易后难即先讨论容易解决的问题以创造良好气氛，为后续的顺利磋商打下基础；先难后易即先集中精力和时间讨论重要的问题，待重要的问题解决完毕后，则以主带次，推动其他问题的解决；混合型的议题顺序安排则为不分主次先后，先将所有要解决的问题都提出来讨论，在经过一段讨论时间后，将已达成一致意见的问题进行归纳并予以明确，接下来再对尚未解决的问题予以讨论，以求取得一致的意见。

处理难以解决的问题最佳的方式是将其放在谈判过程的中间部分。如果将有争议的话题放在谈判开端，则会影响谈判进程，也会影响双方的情绪。如果将此类问题放在谈判的最后阶段，也会因时间不足而无法充分讨论。因此，这些有争议的问题可以放在谈判的中间阶段，以及谈最后一两个问题之前再讨论。

3. 通则议程与细则议程

通则议程是谈判双方共同遵照使用的日程安排，一般要经过双方协商同意后才能生效。在通则议程中，双方通常会对以下内容进行确认。

（1）谈判总体时间及各分阶段时间的安排。

（2）谈判双方讨论的中心议题，特别是第一阶段谈判的安排。

（3）列入谈判范围的各种问题以及讨论顺序。

（4）谈判人员的安排。

（5）谈判地点及招待事宜。

细则议程是己方参加谈判的策略的具体安排，具有保密性，只供己方人员使用。其中包括的内容有以下三个方面。

（1）对外统一口径，例如文件、资料、证据与观点等。

（2）己方发言的策略，例如何时由何人来提出什么问题，由哪几位谈判人员进行补充，当对方提问时由何人来回答或反驳，以及什么情况下要求暂停讨论等。

（3）预先安排好谈判人员的更换问题。

第五节 开局阶段

一、开局的任务

谈判开局对整个谈判过程起着至关重要的作用，关系到谈判的发展趋势。在开局阶段，谈判人员主要有三项基本任务。

（一）谈判通则的协商

在开局阶段，谈判人员不可离题太远，应主要将话题集中于谈判的成员、目标、计划以及进度这四个方面。

谈判刚开始时，双方互相介绍各自谈判小组的成员情况，包括姓名、职务和谈判角色等。谈判双方需要进一步明确表述本次谈判所期望达到的目的和意图。谈判目标可能因各方出发点不同而有不同。例如，意在了解对方的动机、发掘互利互惠的合作机会、说明某些问题、达成原则或具体协定以及处理纷争等。另外，双方还需确定谈判的大体议程、进度，以及需要共同遵守的纪律和需要共同履行的义务等。谈判通则的协商是为了使谈判双方友好接触，统一共识，明确规则，便于安排议程。

（二）营造适当的谈判气氛

谈判气氛往往会影响谈判者的情绪与行为方式，从而影响到谈判的进程与发展。谈判气氛受多方面影响，包括谈判的客观环境和谈判人员的主观因素。

宏观方面的政治、经济形势，市场变化与文化氛围，再加上谈判的场所、天气与突发事件等都会对谈判气氛产生影响。因此谈判前的物质准备也格外重要。谈判开局阶段的重要任务就是发挥谈判人员的主观能动性，营造良好的谈判气氛。谈判人员的主观因素，如双方接触时的表情、姿态、动作以及说话的语气都会影响谈判气氛。

需要注意的是，谈判气氛的营造不仅表达了双方谈判者对谈判的期望，也表现出了谈判的策略特点，因此双方也会利用此机会互相了解。

（三）开场陈述和报价

在磋商之前，双方会进行开场陈述和报价。

开场陈述即双方分别阐明自己对有关问题的看法和原则。开场陈述的重点是己方的原则性利益，而非具体利益。双方进行开场陈述时，应说明己方对于此次谈判应涉及问题的性质、地位与理解，还可表达己方希望取得的利益和谈判的立场。陈述的目的是使对方理解己方的意愿，因此在陈述时应体现一定的原则性，既要体现合作性和灵活性，也要避免带给对方挑战性和强迫性的感受。在陈述结尾时，可用"我是否说清楚了"或者"这是我们的初步意见"来表达。陈述完毕后，需要留出一定的时间让对方表达意见。在对方发表意见或进行陈述时，应认真倾听，善于思考理解对方的关键问题，并找出对方的目的和动机以及与己方的区别。双方在各自提出各种设想和解决方案的过程中，应观察双方合作的可靠程度，寻找在符合商业准则的基础上寻求实现双方共同利益的最佳途径。

谈判双方在结束非实质性交谈后，应开始讨论交易的内容，即开始报价。报价是双方各自提出自己的交易条件，是各自立场和利益需求的具体体现。报价可分为狭义报价与广义报价。狭义报价指一方向另一方提出己方希望成交的具体价格；广义报价是指一方向另一方提出的包括具体价格的一揽子要求。在报价时，不仅要考虑对己方最为有利的条件，还要考虑成功的可能性。报价时要准确清楚，不可受对方报价的影响。报价的目的是使双方了解对方的具体立场和条件，以及双方存在的分歧，为后续的磋商做好准备。

二、开局的策略

（一）开局气氛的营造

谈判气氛的营造应该服务于谈判的方针和策略，有利于实现谈判目标。然而，开局气氛往往各不相同，每一种谈判气氛也对谈判起着有利或不利的作用。有的谈判气氛可能是冷淡的、对立的、紧张的；有的是热烈的、积极的、友好的；有的是平静严肃的，也有的是松懈懒散的。总体而言，开局气氛可以分为三大类：一是高调气氛；二是低调气氛；三是自然气氛。

1. 高调气氛

高调气氛是指谈判气氛热烈，双方情绪积极、态度主动，以愉快因素为主导的谈判开局气氛。通常高调气氛的营造方式有以下五种。

（1）感情共鸣法。

感情共鸣法是指通过某一特殊时间来引发普遍存在于人们心中的感情因素，并使这种感情迸发出来，从而达到营造良好气氛的目的。

（2）幽默法。

幽默法是指通过幽默的方式来消除对手的戒备心理，使其积极参与谈判。采取幽默法时应注意选择恰当的时机及方式，且要做到收放有度。

（3）称赞法。

称赞法是指通过称赞来削弱对方的心理防线，从而激发出对方的谈判热情，调动其情绪。当采取称赞法时，应选择恰当的称赞目标，即选择对方最关注目标。称赞的方式一定要自然，不要让对方认为是在刻意奉承。

（4）问题挑逗法。

问题挑逗法是指提出一些尖锐问题诱使对方与自己争议，通过争议使对方逐渐进入谈判角色。这种方法通常在对方谈判热情不高时采用。使用这种方式时应慎重，否则容易造成不良后果。

（5）诱导法。

诱导法是指投其所好，利用对方感兴趣的话题来调动对方的谈话情绪与欲望，从而创造良好的谈判气氛。

2. 低调气氛

低调气氛是指谈判气氛严肃低落，谈判的一方情绪消极、态度冷淡，以不快因素为主导的谈判开局气氛。通常低调气氛的营造方式有以下四种。

（1）沉默法。

沉默法是指以沉默的方式使谈判气氛降温，从而达到向对方施加心理压力的目的。谈判中的沉默并非指一言不发，而是该方代表尽量避免对谈判的实质问题发表议论。在采用沉默法时，不仅要有恰当的沉默理由，还要把握沉默的度，适时进行反击来迫使对方让步。

（2）感情攻击法。

感情攻击法即诱发对方产生消极情感，使低沉严肃的气氛笼罩在谈判开始阶段。

（3）疲劳战术。

疲劳战术是指使对方对于某一个或几个问题反复进行陈述，让对方从生理和心理上都感到疲劳，以此降低其热情程度，从而达到控制对方并迫使其让步的目的。因此，采用疲劳战术时应提前做好准备，多准备一些问题，这些问题不仅要合理，还要能起到使对方疲劳的作用。除此之外，在对方发言时，应认真倾听，争取能抓住对方陈述中的漏洞或错误，作为迫使对方让步的筹码。

（4）指责法。

指责法是指对对手的某项错误或礼仪失误严加指责，使其感到内疚，从而营造低调气氛。

3. 自然气氛

自然气氛是指谈判双方情绪平稳，谈判气氛既不热烈也不消沉。营造自然气氛时应注意多听多记，不可与谈判对手就某一问题过早发生争议；在询问对方问题时，询问方式要自然；对于对方的提问，能正面回答的就正面回答，不能回答的则采用恰当方式进行回避。

在商务谈判中，良好的谈判气氛可以为谈判的顺利开展奠定基础。良好的谈判气氛表现为双方诚挚、认真的态度和希望促成合作的初衷。当谈判气氛形成时，后续谈判过程中具体问题的解决也会受到影响。随着问题与矛盾的出现与融释，谈判气氛也会相应地发生变化；而新的谈判气氛又会对谈判中后续问题的解决有促使或拖延作用。

建立良好的谈判气氛的方式有五个。一，以友好的态度出现在对方面前；二，握手及第一次目光接触时表现出自信的样子；三，行动与说话时轻松自如；四，可在谈判开局时讨论一些非业务的中性话题；五，可将谈判总时间的5%作为破题阶段。

（二）开局应考虑的因素

不同类型和内容的谈判，需要使用不同的开局策略。通常，在确定恰当的开局策略时不仅应该考虑谈判双方之间的关系，还需要考虑双方的实力。

若双方过去已有业务往来且关系很好，那么友好的关系可作为双方谈判的基础。开局阶段的气氛应该是热烈、真诚、友好和愉快的。双方可以畅谈过去的友好合作关系或双方之间的人员交往，也可适当称赞对方企业的进步与发展。

若双方在过去有业务往来但关系一般，那么开局的目标是要争取营造较为友好、和谐的氛围。双方可简单回忆过去的业务往来与人员交往，但不可太过热情。

若双方在过去有一定的业务往来但己方对对方的印象不佳，开局阶段的谈判气氛应该是严肃的。双方在语言上应文明、严谨，在内容上可以就之前双方的关系表示不满和遗憾，还可以表示希望能通过磋商改变这种状况。

若双方在过去从来没有业务往来，则应努力创造真诚友好的气氛，以消除双方的陌生感。己方谈判人员应表现得礼貌友好，但又不失身份。寒暄的话题多为来访时的途中见闻等较为轻松的内容，也可以就个人在公司的任职时间、责任范围以及专业经历等进行一般性的交谈。

就双方的实力而言，无论双方谈判实力相当还是己方实力明显强于对方或弱于对方，都应表现得礼貌、友好，充分显示自己的素养、自信和气势。

（三）开局策略

谈判的开局策略是指谈判者谋求谈判开局有利形势，实现对谈判开局的控制而采取的行动方式或手段。营造适当的谈判气氛实质上是为谈判开局策略打下基础。具体的开局策略可分为以下六种类型。

（1）保留式开局策略。

保留式开局策略是指在谈判开局时，对谈判对手提出的关键性问题不作彻底或确切的回答，有所保留，以吸引对手步入谈判。采用该策略时应以诚信为本，不违背商务谈判的道德原则。注意，向对方传递的信息可以是模糊信息，但不能是虚假信息。

（2）协商式／一致式开局策略。

协商式开局策略是指以协商、肯定的语言进行陈述，从而使对方产生好感，创造双方对谈判的理解充满"一致性"的感觉，而双方也将在愉快而友好的氛围中展开谈判。

协商性开局策略适用于谈判双方实力较为接近且双方此次谈判为首次接触的情况，因此多使用礼节性语言，有利于在平等、合作的氛围中开局。这种开局策略也可在高调或自然气氛中运用。若在低调气氛中运用，则容易使自己陷入被动。若策略运用得好，则可将自然气氛转化为高调气氛。

（3）坦诚式开局策略。

坦诚式开局策略是指以开诚布公的方式向谈判对手陈述自己的观点和想法，以尽快打开谈判局面。

坦诚式开局策略适用于有长期业务合作关系的谈判双方。在谈判中真诚、热情地畅谈双方过去的友好合作关系，也直接提出己方的观点与要求，反而更能使对方对己方产生信任感。此类开局策略有时也能用于谈判实力弱的一方谈判者。当己方的谈判实力明显不如对方，且为双方所共知时，坦率地表明己方的弱点，让对方考虑。另外，这种坦诚也表现出了自信与实事求是。

（4）慎重式开局策略。

慎重式开局策略是指用严谨、凝重的语言进行陈述，表达出对谈判的高度重视和鲜明的态度，使对方放弃某些不适当的意图，来把握谈判的目的。

慎重式开局策略适用于谈判双方在过去有商务往来但对方有令人不太满意的表现，因此己方要通过严谨、慎重的态度来引起对方对某些问题的重视。例如，己方可以通过一些礼貌性的提问来考查对方的态度和想法，且不急于拉近关系。

（5）进攻式开局策略。

进攻式开局策略是指通过语言或行为来表达己方强硬的姿态，从而获得对方的尊重，并借以制造心理优势，使谈判顺利进行下去。

进攻式开局策略通常在特殊情况下使用，例如发现谈判对手在刻意制造低调气氛或有不尊重己方的倾向，那么任其发展则对本方的讨价还价极为不利。因此应将被动变为主动，采用以攻为守的策略，使双方站在平等的地位上进行谈判。

（6）挑剔式开局策略。

挑剔式开局策略是指开局时对对手的某项错误或礼仪失误严加指责，使其感到内疚，从而营造气氛来迫使对方让步。

三、报价的策略

（一）影响价格的因素

商品价格是商品价值的货币表现。影响价格的直接因素众多，如商品本身的价值、市场供求状况、交易双方的利益需求点等。影响价格的主要因素有以下九个。

1. 市场行情

市场行情指谈判标的物在市场上的一般价格及波动范围。市场行情反映了市场的供求状况，是价格磋商的主要依据。谈判者只有掌握市场信息，了解市场的供求状况和趋势，以及商品的价格水平，才有机会获得价格谈判的主动权。

2. 利益需求

由于谈判双方对利益的需求点不同，对于价格的要求也就有所差异，由此也建立了谈判成功的基础。比如谈判中的一方以盈利最大化为谈判目标，而另一方则打算利用此次交易打开市场，那么双方的利益需求不同，则谈判容易成功。若双方都追求利益最大化，谈判结果则可能是妥协后的折中价或者谈判失败。

3. 交货期要求

若谈判中的一方迫切需要某原材料、设备与技术等，则可能会忽略价格的高低。因此，谈判另一方应将谈判前期的背景调查工作做充分，还可在谈判桌上针对此事项来讨价还价。

4. 产品的复杂程度

产品的结构与性能越复杂，制造技术和工艺要求越高、越精细，则商品的成本、价值和价格也会越高。那么，对产品进行核算成本和估算价值也会越困难。在这种情况下，可参照的同类产品也会相对较少，因此价格标准的伸缩性也就较大。

5. 附带条件与服务

谈判标的物的附带条件与服务通常包括质量保证、安装调试、免费维修与供应配件等。这些条件与服务往往能给客户带来安全感与实际利益，可以缓冲价格谈判的阻力。

6. 产品与企业的声誉

人们往往偏爱优质的产品，对于信誉卓著的企业也有自然的信任感。因此，产品和良好声誉是企业的宝贵的无形资产。

7. 交易性质

相对于单一买卖来说，大宗交易或一揽子交易更能减少价格在谈判中的阻力。在一揽子交易中，货物质量不等，价格高低不同，交易者常常会忽略价格核算的精确性。

8. 销售时机

旺季畅销，供不应求时，价格上涨；淡季滞销，供过于求时，降价促销是为了减少商品积压或加速资金周转。

9. 支付方式

货款的支付方式如现金、支票结算或是一次性、分期、延期付款，都会影响到价格。在谈判中若能提出易被对方接受的付款方式，则己方将在价格上有所优势。

（二）价格谈判的合理范围

如图 1-4 所示，S 为卖方的最低售价，这是卖方在谈判中的保留价格或临界点。作为卖方，自然希望售价越高越好，但实际价格都会受到买方最高买价的限制。B 为买方的最高买价，这是买方在谈判中的保留价格或临界点。作为买方，自然希望买价越低越好。价格谈判进行的前提是 $B>S$，即买家的最高买价必须高于卖方的最低售价，只有在这种情况下价格谈判才能进行。若 $B<S$，即买家的最高买价低于卖方的最低售价，则价格谈判无法进行。

在商务谈判中（特别是在价格谈判中），双方的保留价格为本方的保密信息，是不会向对方宣告的。双方需要综合考虑各种因素与信息，自行确定自己的价格临界点并估算对方的价格临界点。在谈判桌上，双方谈判的依据则为双方的初始报价。初始报价即为交易双方向对方第一次报出的最高售价或最低买价。通常来说，卖方的初始报价总是较高，往往高于买方的最高买价；买方的初始报价总是较低，往往低于卖方的最低售价。因此双方就在此基础上开始讨价还价。B 与 S 之间即为价格谈判中的讨价还价范围。只有当最后的成交价格 P 处于 S 与 B 之间时，谈判则成功。否则，若 $P<S$ 或 $P>B$，则价格不会被双方所接受，谈判也就此失败。

尽管交易双方共同接受的成交价格处在价格谈判的合理范围内，但这并不意味着双方的利益分割是均等的，即 P 常常不会在 SB 区间的中点上。这种情况被称作价格谈判中盈余分割的非对称性。

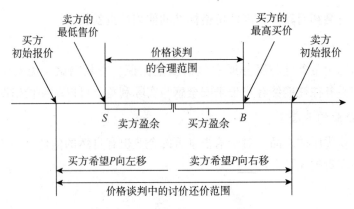

图1-4　价格谈判的合理范围

（三）报价的原则及先后

谈判双方对价格的需求不一致，卖方希望价格越高越好，买方则希望价格越低越好。但报价只有在被对方接受的情况下才能产生预期的结果，才能使买卖成交。价格水平的高低受到供求关系、竞争情况以及谈判对手等多方面因素的制约。因此报价不仅要考虑所获利益，还要考虑是否能被对方接受。报价的基本原则是通过反复比较和权衡，设法找出价格所带来的利益与被接受的成功率之间的结合点。

报价的先后顺序对谈判结果会产生一定的实质性影响。先报价既有利也有弊。如果先报价，就为谈判划定了一个框架或一条基准线，而最终谈判将在这个范围内达成。但是，如果报价超出了对方的预料和期望值，会使对方失去信心。另外，若先报价，对方可根据己方报价对原有计划做出调整。因此，当己方报价比对方原有的设想价格更为有利时，则先报价对己方不利。

通常来说，谈判双方应根据不同的谈判实力采取不同的策略。如果谈判将出现各不相让的气氛，那么通过先报价来从一开始占据主动是比较有利的；若己方谈判实力较强，且对方对市场行情不大熟悉的话，先报价的好处较大，不仅能掌握成交的条件，还能够为谈判划定一个基准线；若对方是谈判行家，而己方不是，那么让对方先报价可能较为有利；按照惯例，应由卖方先报价。卖方先报价的目的并非扩大影响，而是投石问路，即用报价的方法直接试探对方的反应思路。

（四）报价表达与解释的策略

卖方主动开盘报价叫作报盘，买方主动开盘叫作递盘。正式谈判中，开盘是不可撤销的，叫作实盘。在开盘报价时，应坚定果断地提出，毫不犹豫，才能给对方留下认真的印象。相反地，若报价时欲言又止、吞吞吐吐，则会导致对方的不信任。开盘必须明确清楚，有必要时应提供书面的开价单。开盘时不需要对所报价格作过多的解释和说明。若在对方提问之前便主动加以说明，则会让对方意识到己方最关心的问题是什么，而对方可能尚未考虑过该问题。同时，过多的说明和辩解容易让对方找出破绽或突破口。

国际商务谈判中有两种典型的报价战术，即西欧式报价战术和日本式报价战术。其中，西欧式报价战术是指首先提出含有较大虚头的价格，再根据双方实力及竞争状况，通过给予各种优惠来逐步软化和接近买方的条件，最终达成交易。日本式报价战术是指将最低价格列在价格表中来引起买主的注意。该价格往往以卖方最有利的结算条件为前提。在此低价格交易下，各方面很难全部满足买方的需要。如果买主要求改变有关条件，卖方便会提高价格。

第六节　磋商阶段

一、讨价策略

（一）讨价的定义

讨价是指要求报价方改善报价的行为。在商务谈判中，当卖家报价并进行价格解释后，买家通常认为该价格不符合自己的期望目标时，必然要求对方改善报价，这个过程也称作"再询盘"。讨价代表价格磋商的正式开始。

（二）讨价方式

讨价方式可分为全面讨价、分别讨价和针对性讨价。

（1）全面讨价常常用于价格评论后对于较复杂的交易的首次讨价。

（2）分别讨价常用于较复杂交易中对方第一次改善报价之后，或是用于不便采用全面讨价方式的情况。比如，在全面讨价完成后，将交易内容的不同部分按照价格中所含水分的多少来分类，再分别讨价。另一种常见的情况则为技术贸易谈判。技术贸易价格的确定较为复杂，可以按具体项目分为技术许可基本费、技术资料费、技术咨询费、人员培训费等进行。

（3）针对性讨价常用在全面讨价和分别讨价方面，其针对价格仍明显不合理和水分较大的个别部分进一步讨价。

从讨价的步骤来看，第一阶段往往采用全面讨价，此时买方往往会从宏观的角度先笼统压价。第二阶段则按价格水分的多少来分别讨价。第三阶段进行针对性讨价。

（三）讨价次数

讨价次数是指要求报价方改善报价的有效次数。讨价不能无节制地发出，否则会引起对方的反感。对于全面讨价来说，价格谈判的初始报价往往包括一个策略性的虚报部分。与此同时，报价方既希望保持自己的良好形象，也希望能与客户维持良好的关系。因此，在首次讨价过程中，对方往往会改善价格，以展示友好姿态。但即使如此，讨价也应不超过两次。

（四）讨价技巧

1. 以理服人

价格的谈判应本着尊重对方和说理的方式进行，应启发、诱导卖家自己降价，以便于为买方还价做准备。讨价并不意味着要硬压对方降价，这样可能会让谈判过早地陷入僵局，造成对买家不利的情况。在报价含有过多水分的时候，卖方的价格解释总会有矛盾，此时买方应该仔细甄别信息，以适当的方式指出报价的不合理之处，这时，报价者通常有所松动。即使此时价格调整的幅度不是很大，但作为买方也应表示接受。另外，在此环节也可通过对方调整价格的幅度来估算对方的保留价格，以确定进一步讨价的策略。

2. 相机行事

买方应该对每次讨价后得到的回应做策略性分析。若首次讨价就能获得对方改善报价的迅速反应，则说明报价中的水分较多。与此同时，买方还需要分析该降价部分是否有实质性的内容。然而，对于有经验的报价方来说，往往不会轻易降价，还会引证其他报价高的竞争者的报价。对于这种情况，买方应该善于抓住报价及解释中存在的漏洞。

3. 投石问路

当对方固守立场、毫不松动的时候，为了了解对方的情况并取得主动权，讨价者可通过假设己方采取某一步骤并以此来试探对方的反应。投石问路的方式有"若我方有意购买贵方其他系列的产品，价格上能否再优惠些""如果我们买下你们的全部存货，报价又是多少呢"，等等。这些方式都能使讨价者进一步了解对方，且让对方难以拒绝。

二、还价策略

（一）还价的定义

还价也称作还盘，是指针对卖方的报价买方做出的反应性报价。还价是以讨价为基础的。当卖方首先报价后，买方会伴随着价格评论来向卖方讨价。卖方对于买方的讨价往往会进一步做出价格解释，并对报价做出改善。在经过一次或几次讨价之后，为了达成交易，买方会考虑综合各种情况，包括估算的卖方保留价格、己方的理想价格以及策略性虚报部分，以此提出自己的反应性报价，即做出还价。

（二）还价前的准备

在了解对方报价的全部内容后，就要通过报价的内容，并结合自己所掌握的信息资料，分析并判断对方的意图。还价不仅是提供与对方报价的差异，也应借此机会给对方造成较大的压力并影响或改变对方的期望。己方只有弄清双方的分歧所在，才能使提出的条件让对方有可能接受且对双方都有互利性。

双方的分歧可能是实质性分歧，也可能是假性分歧。实质性分歧是原则性的根本利益的真正分歧。对待实质性分歧要认真反复研究做出某种让步的可能性，最终做出是否让步的决定以及若需要让步则让步的阶段和步骤。假性分歧是由于谈判中的一方或双方为了达到某种目的而人为设置的障碍，目的是使己方能在谈判中有较大的回旋余地。

在摸清双方的分歧所在之后，便应开始筹划还价计划了。注意，若己方还盘，则应了解还价起点、理想价格和底线是多少，还价幅度多少；针对原报盘的变动、补充和删减，其中哪些部分能为对方所接受，哪些是对方急于讨论的问题，等等。同时，还要从还价方式、还价技巧等方面设计不同的备选方案，以保证己方的主动性和灵活性。

（三）还价方式

在谈判过程中，谈判者要确保自己的利益要求和主动地位，应根据交易内容、报价以及讨价方式采取相应的还价方式。

（1）按照谈判中还价的依据，还价方式可分为按可比价还价与按成本还价。

①按可比价还价。当己方无法准确掌握所谈商品本身的价值，而只能以同类商品价格或竞争者所售商品的价格作为参照来还价。采取这种还价方式时，应注意所选择的用以参照的商品具有可比性，价格也较为合理。只有当这两个条件同时满足时，还价才能使对方信服。

②按成本还价。若己方能计算出所谈商品的成本，则可以此为基础再加上一定比率的利润作为依据来还价。这类还价方式的关键在于所计算成本的准确性。成本计算得越准确，还价的说服力也就越强。

（2）按照谈判中还价的项目，还价方式又可分为总体还价、分别还价和单项还价。

①总体还价。总体还价即一揽子还价，是与全面讨价对应的还价方式。

②分别还价。分别还价是把交易内容划分为若干类别或部分，按照各类价格中的含水量或按各部分的具体情况逐一还价，是分别讨价对应的还价方式。

③单项还价。单项还价是指按所报价格的最小单位还价，或是对某个别项目进行还价。单项还价是针对性讨价的对应还价方式。

（四）还价起点确定

还价起点即为买方的初始报价，是买方第一次公开报出的打算成交的条件。还价的高低直接影响己方经济利益的高低，也会影响谈判的成败。

还价起点的确定应遵循两个原则：一是起点要低；二是起点不能太低。若还价起点低，可给对方造成压力并影响对方的判断和盈余要求。还价起点虽然要低，但并不是越低越好，要接近成交目标，至少要接近对方的保留价格，这样才有使对方接受的可能性。否则对方会失去交易兴趣而退出谈判，或者己方不得不重新还价而陷入被动。

确定还价起点时，应考虑以下三个方面。一是报价中的含水量。尽管经过了讨价，但报价方对报价做出的改善程度也不尽相同。对于所含水分较少的报价，还价起点应该较高，以使对方感受到此次交易的诚意；对于所含水分较多的报价，或者对方报价只做出很小的改善就要求己方立即还价的，还价起点应该低，以使还价与成交价格的差距和报价中的含水量相适应。二是成交差距。对方报价与己方准备成交的价格目标的差距越小，还价起点应该越高；对方报价与己方准备成交的价格目标的差距越大，还价起点就应越低。三是还价次数。还价的次数并不是只有一次。当每次还价的增幅已定时，若己方准备还价的次数较少，则还价起点应当较高；当己方准备还价的次数较多时，还价起点应当较低。

（五）还价技巧

1. 吹毛求疵

吹毛求疵的做法常常有两类：一类是百般挑剔。买方会想方设法地针对卖方的商品寻找缺点并夸大言辞，来为自己的还价提供依据。另一类做法是言不由衷。买方会将自己原本满意的非说成是不满意的，还要故意提出令对方无法完成的要求，表明自己是勉强做出了让步，并以此为自己的还价找借口。吹毛求疵的作用在于可以动摇卖方的自信心，迫使卖方接受买方的还价，从而使买方获得较大的利益。使用该技巧时应注意对对方商品的挑剔不能太过苛刻，应该合乎情理才能取得对方的理解；否则，卖方会觉得买方缺乏诚意。

2. 积少成多

积少成多是指为了实现自己的利益，耐心地一项一项谈，一点一点取，并以此来达到聚沙成塔的目的。由于人们倾向于不太计较微不足道的事情，如蝇头小利，因此他们不愿意为了一点小分歧影响交易关系。所以买方可以通过分解总体交易内容，逐项分别还价，通过各项似乎微薄的利益来实现自己的最终利益目标。在使用该类技巧时，买方根据细分后的交易项目更容易找到具体的还价理由，还价的成功率也较高。

3. 最大预算

该技巧的使用方式在于，买方一方面表现出对卖方的商品和报价有很大的兴趣；另一方面又将自己的"最大预算"作为理由迫使对方让步，从而接受自己的出价。使用该技巧最合适的时机是已经经过了多轮的价格交锋，卖方报价中的水分已经不多了，此时可以最后一次迫使卖方做出让步。除此以外，还应该注意对方的意愿，分析他们是因为成交心切而容易接受还价，或是不接受还价。同时，也要准备好变通方法，是固守自己的最大预算，不肯让步，还是维护最大预算，进行适当让步。

4. 最后通牒

买方最后一次给卖方出价，若卖方不接受，买方便退出谈判。若想成功使用该技巧，则应注意所还的价不能低于卖方的保留价格，这样才能有被接受的可能性。当买方处于有利地位或价格已十分合理，而且双方已就先前主要问题达成协议时，卖方的投入已到了一定程度，买方便可发出最后通牒。在发出最后通牒时，所凭借的依据应有较强的客观性和不可违抗性。例如，可援引法律规定、政策条例、商务管理办法、通行的价目表以及本公司的财务制度等来支持己方的立场。最后通牒的言辞应较为委婉，此技巧并不是要将卖方逼入绝境，而是压迫对方让步的一种手段。

5. 感情投资

买方可以凭借与对方之间的感情基础，通过增进彼此的理解、信任和友情，解决谈判中的棘手问题。在谈判中善于寻求共同利益，对于较为次要的问题，可不过分计较并主动迎合对方，使对方觉得己方能够站在他们的立场上考虑问题，从而产生好感。

三、让步策略

（一）让步原则

谈判中的让步不仅取决于让步的大小，还取决于双方何时做出让步以及如何争取让步。

让步时应维护整体利益。谈判者应该分清整体利益与局部利益。局部利益的让步是为了更好地维护整体利益。所以在让步前应考虑清楚什么问题能让步，让步限度是什么，对整体利益又有什么影响。在磋商阶段，应遵循以下让步原则。

1. 不做无谓的让步

任何一次让步都应对己方有利。从策略的角度来说，让步是为了换取对方在其他方面让步。

2. 让步要选取关键点

在关键环节让步才能获取最大利益，即凭借己方较小的让步带给对方较大的满足感。

3. 注意让步的侧重点

对于己方认为较重要的问题，应力求使对方先让步。对于较为次要的问题，则应根据情况考虑己方先让步。

4. 注意让步的幅度和节奏

不要承诺做同等幅度的让步。若对方已经在某一方面做出了让步并要求己方也做同等幅度的让步，则己方可用无力负担来拒绝。每次让步的幅度不应过大，节奏也不宜太快。每次让步都需三思而后行，因为每次让步都会让己方损失实际利益。让步时，应让对方觉得己方的让步不是轻而易举的。

5. 每次让步后要检验效果

己方做出让步后都应观察对方的反应。注意己方的让步是否对对方产生了影响，对方是否也做出相应的让步。若己方做出让步后，那么在对方做出相应的让步之前就不能再做让步了。

（二）让步方式

以下为常见的八种让步方式，可根据不同的信息及谈判对象的特点选择有利的让步方式。

（1）在让步的最后阶段一步让出全部可让利益。这种被称作"坚定的让步方式"有利有弊：一方面，若对方意志薄弱，还没谈到最后阶段的时候，对方则已放弃，那么己方可在谈判中获得较大的利益。另一方面，如果在谈判开始阶段就坚持寸步不让，就容易给对方留下己方缺乏诚意的印象，有可能会失去交易伙伴。具有较大的风险。此让步方式适用于对谈判投入少且占有优势的一方。

（2）等额让出可让利益的让步方式。这种让步方式既不会让对方轻易占到便宜，有利于双方充分讨价还价，又能在遇到性情急躁的谈判对手时削弱对方的还价能力。这类让步方式适用于缺乏谈判知识或经验的谈判者。

（3）由多到少再到多、不稳定的让步方式。这种让步方式容易鼓励对方继续讨价还价。虽然在二期时让步减缓，给对方造成接近尾声的感觉而促使对方尽快拍板，但之后作的大幅让利会让对方认为己方不诚实，所以对于希望建立双方友好合作关系的谈判者来说，这种让步方式并不恰当。这种让步方式难度较高，适用于竞争性较强的谈判。

（4）小幅度递减的让步方式。这种让步方式符合商务谈判讨价还价的一般规律，被普遍采用。这种让步方式易被人们接受，有利于促成谈判成功。但是对于对方来说，所能争取的利益越来越少，所以情绪不会太高。

（5）从高到低再到微高的让步方式。这种让步方式在起始时大幅让利充满诱惑，到中后期传递了基本无利可让的信息，再最终让出稍大一点的利润，容易使对方满意。但头两期的大让利和后两步的小让利形成了鲜明的对比，容易给对方留下己方诚意不足的印象。这类让步方式适用于以合作为主，以互利互惠为基础的谈判。

（6）一开始大幅度递减但又出现反弹的让步方式。这种让步方式给了对方软弱、老实之感，成功率较高。换个角度讲，软弱的表现容易让对方得寸进尺。当三次让步都遭拒绝后，很有可能导致谈判僵局或败局。

（7）在起始时全部让完可让利益。这种让步方式有很高的风险，若在后期不能讨回己赔让的部分，则会损害己方利益，而讨回了，则容易使谈判破裂。这种方式适用于陷入僵局的谈判。

（8）一次性让步方式即一开始就让出全部可让利益。这种让步方式由于一开始就亮出了底牌，容易打动对方采取回报行为，从而促成和局。另外，这种方式可能会让对方觉得尚有利可图而继续讨价还价，且一次性大幅度让利可能会失去原本能够争取来的利益。在己方处于劣势或谈判各方关系良好的情况下，可以采用此策略。

（三）让步实施策略

关于让步的策略，主要可从两个角度切入：一是己方运用适当的策略做出让步；二是迫使对方做出让步。磋商中的让步应同时考虑对方与己方的利益需求，以达成谈判和局为最终目标。常见的让步策略有以下两种。

1. 己方做出让步的策略

（1）互利互惠的让步策略。在谈判中，一方若做出了让步，必然期望对方对此有所补偿，从而获取利益。争取互惠式让步时，应坚持己方必须得到的利益，对于个别问题不需太过执着，应分清利弊，灵活地使对方在其他方面做出补偿。

（2）予远利谋近惠的让步策略。商务谈判中的各方利益需求不一定是一致的。对于强调未来利益的人来说，可以通过给予他们未来期待的满足而避免现实的让步。这种让步策略强调向对方说明远利与近利之间的利害关系。

（3）丝毫无损的让步策略。这种让步策略是指己方所做出的让步在不会给己方造成任何损失的同时，还能满足对方的一些要求或形成心理影响。

2. 迫使对方做出让步的策略

谈判中的让步是必要的，但也需要视情况迫使对方让步，力争自己的利益并达到最终目标。迫使对方做出让步的策略主要有以下三种。

（1）利用竞争。这是制造和创造竞争条件是谈判中迫使对方做出让步最有效的策略。在谈判过程中可适当透露一些竞争对手的情况。即使实际上对方没有竞争对手，己方也可巧妙制造假象来迷惑对方。

（2）软硬兼施。这个策略通常也叫作"红白脸"策略，即在谈判过程中，对于原则性问题毫不退却，而对于细节问题适当让步。面对咄咄逼人的对手，可在坚持原则的情况下做一些顺水推舟的工作，等到对方锐气减退时再发动反攻，力争反败为胜。

（3）最后通牒。在双方争执不下时，为了逼迫对方让步，己方可以向对方发出最后通牒，即若对方在某个期限内不接受交易条件并达成协议，己方就宣布谈判破裂并就此退出谈判。

第七节　僵局处理

一、僵局的概念

（一）僵局的定义

当谈判进入实质性的磋商阶段时，谈判各方可能会由于某种原因僵持不下，从而陷入进退两难的境地。这类情况叫作僵局。僵局的形成归根结底是谈判各方处于各自利益的考

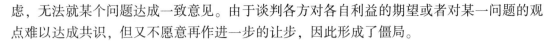

虑，无法就某个问题达成一致意见。由于谈判各方对各自利益的期望或者对某一问题的观点难以达成共识，但又不愿意再作进一步的让步，因此形成了僵局。

（二）僵局的种类

在狭义上，谈判是从各方交换意见到签订协议的过程。从这个角度讲，僵局的种类包括谈判初期僵局、谈判中期僵局以及谈判后期僵局。

（1）谈判初期是双方互相了解，建立友好关系的重要时机。但若由于误解或由于谈判中的某一方准备得不够充分，致使另一方的情感受到伤害，就会导致僵局出现，使谈判匆匆收场。

（2）谈判中期是谈判的实质性阶段，双方就有关技术、价格及合同条款等交易内容作详尽的讨论。客观上，由于各方存在利益上的差异，因此谈判可能会向着双方难以统一的方向发展。中期的僵局往往具有反反复复的特点。若双方能重新沟通，则僵局容易迎刃而解；若双方在关键问题上都不愿退让而使谈判长时间拖延下去，问题也是悬而难解。中期是僵局最为纷繁多变的阶段，也是经常发生谈判破裂的阶段。

（3）谈判后期是双方达成协议的阶段，在解决了如技术与价格等关键性问题之后，通常还需要就项目的验收及付款条件等执行细节来做进一步的商议。在这个阶段，关于合同条款的措辞以及语气等容易引起争议。但在后期的僵局中，只要某一方表现得大度些，稍作让步便可顺利结束谈判。尽管后期僵局不像中期僵局那么难以化解，但也不可掉以轻心。

在广义上，谈判始终贯穿着整个商务合作的全过程。因此，僵局的发生是伴随整个合作过程随时随地都有可能出现的。一般来说，项目合作过程可以分为合同协议期和合同执行期。相应地，谈判僵局也分为协议期僵局和执行期僵局。其中，协议期僵局是双方在磋商阶段意见产生分歧而形成的僵持局面；执行期僵局是执行合同过程中双方对合同条款理解不同而产生的分歧，或者是在这个阶段出现了双方始料未及的情况导致一方有意把责任推向另一方，又或者由于一方未能严格履行协议而引起另一方的严重不满或责任分担不明确而产生的争议。

（三）僵局产生的原因

在谈判的过程中，僵局的形成都有规律可循。只要能对这些原因准确地判断并把握，那么就能顺利化解僵局，促使谈判成功。僵局产生的原因主要有以下八类。

1. 观点的争执

在谈判过程中，双方就某一问题各自坚持自己的主张并且也不愿意做出让步的，往往容易产生分歧，争执不下。双方真正的利益被表面的立场对立所掩盖。同时，由于双方为了维护各自的面子不愿让步，用意志力的较量迫使对方改变立场，甚至以退出谈判来要挟，这不仅拖延了谈判时间，更增加了协议达成的难度。由于立场观点的争执所导致的谈判僵局是很常见的。另外，谈判者犯立场观点性争执的错误也是形成僵局的主要原因。

2. 谈判中形成一言堂

商务谈判是谈判者通过口头交流信息进行磋商的过程。若谈判中的任何一方滔滔不绝地阐述己方的观点，则很容易忽视对方的反应。更有甚者，谈判中的一方可能会认为自己理由充分，唯恐对方不了解，或是认为只有从不同角度反复陈述自己的观点才会得到对方的理解与信任，而没有考虑到给对方发表观点的机会。这种做法实际上剥夺了对方的发言权，从而导致了僵局的形成。

3. 过分沉默与反应迟钝

谈判中的任何一方无论出于什么目的，不能或不愿与对方充分交流，过分沉默，或者表面上认真倾听对方的讲解，实则反应淡漠，都可能引起对方的猜疑与戒备，从而给对方带来心理压力，形成谈判的僵局。

4. 偏激的感情色彩

若谈判人员对所商谈的议题过分地表现出强烈的个人感情色彩，如提出不合乎逻辑的意见或展示强烈的个人成见，这种对于问题的片面性认识不利于谈判的展开。这类谈判人员对于信息的理解往往受其职业习惯、受教育程度、某领域的专业甚至是对方文化的偏见所制约。所以，他们对信息的理解常常是主观而且片面的，甚至与信息内容的实际情况完全相反。在这种情况下，双方很难就议题达成统一意见，容易陷入僵局。

5. 谈判人员素质的低下

谈判人员素质的高低往往是决定谈判能否成功的重要因素。谈判人员素质的低下可以表现为使用策略的时机或方式不当、知识经验不足、谈判技巧失误等，这些都可能导致谈判陷入僵局。

6. 信息沟通的障碍

在畅通无阻的信息沟通中，沟通中的主体不仅能够清楚地接收对方的信息，还能够正确地理解其表面含义和思想内涵。在商务谈判过程中，信息沟通过程中经常发生失真现象。这种情况会导致双方产生误会继而出现争执，导致谈判陷入僵局。信息传递或理解失真可能是言语上的，也可能是非言语上的，即存在言语、书面表达、面部表情及手势姿势等方面的信息理解偏差。

商务谈判的信息沟通障碍表现为在交流彼此的观点、协商合作意向、交易条件等过程中遇到的理解障碍，如双方由于文化背景差异所造成的沟通障碍和由于职业或受教育程度的不同所造成的沟通障碍，以及由于心理因素等原因造成的一方不愿接受另一方意见的情况，等等。

7. 软磨硬抗式的拖延

当谈判人员为了达到某种不可公开的目的，采取无休止的拖延，软磨硬抗，就可能使谈判陷入僵局。例如，谈判人员借口眼下有急事需要处理，而将谈判委托给其他代表负责，而该代表又不置可否，致使谈判没有任何实际意义，明显是在拖延谈判时间。这种做法不仅不尊重对方，还隐藏着其他动机，容易使对方反感，从而使谈判陷入僵局。

8. 外部环境发生变化

在谈判的过程中，若外部环境发生变化，谈判人员既不好意思对自己做出的承诺食言，也怕如果违背承诺，对方无法接受，但又无意签约，而采取的不了了之的拖延态度，让对方忍无可忍，从而使谈判陷入僵局。

二、僵局的处理方法

(一)避免僵局的原则

当谈判出现僵局时，应在分析出形成僵局的原因以及分歧所在环节及其具体内容之后，积极主动地研究突破僵局的具体策略和技巧，确定行动方案，最终妥善化解僵局。

谈判时双方意见出现分歧的情况十分常见，尽管这些反对意见会阻碍谈判的顺利进行，但从另一个角度讲，反对意见也是谈判双方对议题感兴趣或想达成协议的表示。因此，对于反对意见谈判双方应诚恳地表示欢迎。谈判双方就反对意见磋商时，绝不能用针锋相对的语气来反驳，应用冷静、诚恳的态度来处理。与此同时，谈判人员要有较强的自控能力，防止争论演变为争吵，应注意语言的委婉性与艺术性。若能秉持建立互惠式谈判的理念，根据双方需要共同探讨满足彼此需要的有效途径与方法，形成僵局的各种因素将在很大程度上消失。

(二)潜在僵局的处理方法

妥善处理潜在僵局可使用间接的或直接的处理方法。

1. 潜在僵局的间接处理方式

间接处理法即谈判人员借助有关事项或理由委婉地否定对方的意见。间接处理法有以下四种方式。

(1)先肯定局部，后全盘否定。对于双方的分歧之处，谈判人员可首先在发言中对对方观点和意见中的一部分稍加肯定，之后再以充分的理由间接地、委婉地全盘否定。

(2)先重复对方的意见，再削弱对方的观点。谈判人员先用较为婉转的口气将对方的反对意见重复一遍，再针对该反对意见回答问题。在重复时不改变其原意，这样做的目的是缓和谈判气氛，但该方法不能生搬硬套，应注意研究对方的心理活动，选择适当的时机使用该方法。

(3)用对方的意见说服对方。谈判人员可直接或间接利用对方的意见说服对方，促使其改变观点。

(4)以提问的方式促使对方自我否定。谈判人员可以不直接回答问题，而是提出问题，使对方在回答问题的过程中否定其原来的意见。

2. 潜在僵局的直接处理方式

潜在僵局的直接处理方式有以下六种。

(1)站在对方的立场上说服对方。当谈判中的一方坚持固有意见时，不仅要使用充分的理由和事实并利用严密的逻辑来说服对方，也应该使对方的需要得到一定的满足。

(2)归纳概括法。在谈判中将对方的各种反对意见进行归纳整理、集中概括，然后有针对性地加以解释和说明，从而起到削弱对方观点和意见的效果。

(3)反向劝导法。若在谈判中出现莫名其妙的压抑气氛，则很有可能是谈判陷入僵局的前兆。造成这种情形的原因很复杂，有可能是谈判人员的个人心理变化所致，也有可能是一方虽有反对意见但未表露所致。谈判人员可适当使用反问法，用对方的意见来反问对方，这样既可以防止陷入僵局，又能有效地说服对方。

（4）幽默法。当谈判出现沉闷的气氛时，谈判人员可以巧用幽默法，使剑拔弩张的气氛化为乌有。当双方的心理压力应得到缓解后，才能有更充沛的精力继续磋商。

（5）适当馈赠。谈判人员在交往时，可以适当互赠礼品作为联络感情的方式，这样可以明确地向对方表达己方愿建友好关系的期望。

（6）场外沟通。场外沟通是一种非正式谈判，双方可以无拘无束地交换意见，这样可以消除障碍，避免出现僵局。

（三）处理僵局的最佳时机

谈判活动变化复杂，在不同的时间点使用相应的措施处理僵局，效果各不相同。处理僵局在最佳时机上有以下三种方法。

（1）及时答复对方的反对意见。谈判双方都希望自己的意见能够得到对方的尊重和重视。因此，若对方不能给予明确的答复，往往会造成心理障碍，形成潜在僵局。所以对于对方的反对意见应当及时答复。若一时无法答复，也应主动解释清楚，以表诚意。

（2）适当拖延答复。谈判中遇到棘手问题时可选择适当拖延答复的策略，但拖延的时间不可太长，且应向对方说清楚。

（3）争取主动，先发制人。若谈判人员能依形势准确预测对方可能会提出何种反对意见，那么抢占先机，在对方提出之前便把问题提出来作为自己的论点，劝导对方重新认识问题是较为合理的做法。

（四）打破僵局的方法

1. 采取横向式的谈判

横向式谈判是指在确定谈判所涉及的议题后，开始逐个讨论预先确定的议题。当在某议题出现矛盾或分歧时，并不是抓住一个问题不放，而是把这个问题暂时搁置一旁，接着讨论其他问题，周而复始，直到所有内容都谈妥。这种谈判方式的阻力会小一点，也会有较多的商量余地。

2. 改期再谈

谈判中若出现严重僵持且无法继续的局面，双方可共同商定休会并确定再次谈判的时间和地点。使用该方法时应注意，在休会之前必须向对方重申己方的意见，引起对方的注意，让对方有充裕的时间来考虑。

3. 改变谈判环境与气氛

紧张的谈判气氛容易使谈判人员产生烦躁的情绪。若己方为东道主，则可安排一些游览观光等文娱活动让大家放松。在活动中可以就某些僵持问题继续交换意见，在轻松的氛围中交谈，使谈判出现新的转机。

4. 叙旧情

可以通过回顾过往的合作历史，强调双方的共同利益与以往的合作成果，借此机会来缓和彼此的对立情绪。

5. 更换谈判人员或由领导出面调解

若僵局经多方努力都未能缓和，在征得对方同意后，及时更换谈判人员。必要时，可请领导出面。对方受到高级接待后，心情舒畅，可以达到化解僵局的效果。

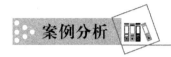

双赢是基础，策略是关键：强生收购大宝案

2008年7月30日，美国强生公司旗下强生（中国）投资有限公司宣布，已完成收购北京大宝化妆品有限公司的交易。收购事项已获得了所有相关政府部门的批准，大宝化妆品有限公司成为强生（中国）投资有限公司的全资子公司。在整个收购过程中，双方通过谈判，各自满足了自己的利益要求，实现了双赢。但此时距离大宝2007年2月27日在北京产权交易所挂牌进行整体转让已经过去了17个月。这意味着，即使双赢的谈判也并不是一帆风顺的，也经历了反反复复的沟通、谈判和磋商过程，而谈判策略的正确使用在谈判中起到了关键的作用。

一、谈判背景

1. 大宝公司

大宝公司是北京市人民政府为安置残疾人就业而设立的国有福利企业，始建于1958年，1985年转产化妆品，前身是北京三露厂。1997年开始，以"价格便宜量又足"的形象出击的大宝，曾一度在国内日化市场风光无比，连续八年夺得国内护肤类产品的销售冠军。2002年，北京三露厂进行股份制改革，由国有企业转变为国家控股与职工持股相结合的股份制公司，并更名为北京大宝化妆品有限公司。2003年，在护肤品行业中，大宝的市场份额是17.79%，远高于其他竞争对手。

然而，由于日化品的产业门槛比较低，厂商进入容易，因此竞争也随之增大。随着市场的发展，行业的过度竞争也使得日化领域利润不断下滑。此后，大宝的销售业绩虽然在国内的日化品行业中依然表现突出，却一直只是在七八亿元附近徘徊，发展速度明显放慢。数据表明，从2004年起，大宝品牌的市场占有率开始出现负增长，伴随而来的自然就是净利润的逐年下降。2005年，大宝的年销售额为7.8亿元，在国产护肤品中销量排第一，然而相对于中国化妆品市场每年700亿元的总销售额，大宝仅占有1%的市场份额，与中国化妆品行业近20%的发展速度相比，显得上升乏力。

事实上，大宝今日之疾乃是其长期发展中诸多不足累积而成的必然结果。大宝产品与品牌战略均存在十分巨大的缺陷。虽然"价廉量足"的大宝SOD蜜是大宝成功的拳头产品，但其后有影响的新品并不多。于是大宝品牌一直停留在低端市场销售，没能进入以跨国化妆品公司为主体的合资品牌占据的中档护肤品市场，更无法撼动进口品牌一统天下的高档护肤品市场。

2. 强生公司

强生公司成立于1887年，是世界上规模较大的医疗卫生保健品及消费者护理产品公司之一。强生消费品部目前在中国拥有婴儿护理产品系列、化妆品业务等。强生公司于1985年在中国建立了第一家合资企业，目前其在中国销售的护肤品品牌包括强生婴儿、露得清。

凭自身已有的产品，强生想要打开中国中低端护肤品的消费市场，并且占据主要的市场份额，还有很长的路要走。面对中国这样庞大的市场，强生利用大宝在中国广大的销售网络和知名度打入中国市场将是一条很好的路径。

总之，买方（美国强生公司）觉得大宝有品牌、有市场、有渠道，又是中国本土化品牌的"排头兵"，收购它当然有大利益；而卖方（大宝公司）看中强生有资金、懂研发、会管理，当然有助于自己渡过增长的"瓶颈期"。双方似乎是一拍即合，收购的结果将是各取所需，实现双赢。

二、谈判具体过程

此次强生公司对大宝公司的收购过程从 2007 年持续到 2008 年。在这段时间里，大宝公司与强生公司相互要价、还盘，收购还一度陷入僵局，而此时，一些实力雄厚的企业（如宝洁公司、雅芳公司、联合利华公司等）也都一度成为其潜在的收购者，还有一些中小企业也曾试图加入收购行列，但都被大宝公司开出的苛刻条件击退，最终强生公司还是"力克群雄"收购大宝公司成功，其过程也是几经曲折的。

2007 年 2 月 27 日，大宝公司在北京产权交易所挂牌整体转让，挂牌价为 23 亿元。随后，传出强生公司、联合利华公司、雅芳公司、宝洁公司等外企有意竞购。仅在 11 天以后的 3 月 10 日，雅芳公司全球大重组，为收购大宝公司留有余地。

挂牌后的一个月，也就是 3 月 26 日，大宝公司挂牌出让截止。但是此时，强生公司却在与大宝公司的谈判中陷入僵局，双方对于收购价格一事存有争议，强生公司认为大宝公司的价格标得太高，而大宝公司却丝毫不做让步。就在这种情况下，联合利华公司以"黑马"的形象走进了大宝公司的视线，开始与强生公司争夺大宝公司，但同样由于价格问题而失败。

2007 年 4 月 7 日，传出大宝公司与强生公司签订了转让协议，大宝公司被强生公司成功摘牌，但是该传闻在第二天就被大宝公司否认了。在经历了上一轮的僵局后，强生公司终于还是先向大宝公司抛出了橄榄枝，提出了解决大宝公司员工的安置方案。强生公司方面表示，收购之后的大宝公司员工继续服务于大宝品牌，其作为国有企业员工的权利和福利将被完整保留，而且强生公司还提出无条件解决大宝公司的残疾员工问题，拿出了专款解决残疾员工生活问题的方案。但是在强生公司方面提出了这样优厚的员工安置条件后，大宝公司还是依然坚守 23 亿元的收购价格，不做丝毫的让步。这让强生公司与大宝公司的沟通又再次陷入僵局，这也给了宝洁公司和联合利华公司新的可乘之机。

就收购价格问题，北京产权交易所曾表示，大宝公司经审计的资产总额为 6.45 亿元，净资产为 4.59 亿元；但是北京华荣建资产评估事务所以 2006 年 2 月 28 日为基准日的评估报告却显示，大宝公司的资产总额为 24.26 亿元（包括品牌和销售渠道），负债为 1.85 亿元，所有者权益为 22.41 亿元。由此看来，大宝公司的挂牌价格 23 亿元是经审计净资产 4.59 亿元的 5 倍，并不是一个"便宜"的价格。业内人士也认为，按照通常的收购模式，应以本企业两年的销售额为收购价格，因此大宝公司的合理收购价 16 亿~17 亿元。23 亿元这个价格的确是个困扰收购企业的大问题。在经过与大宝公司的反复磋商后，联合利华公司与宝洁公司由于价格问题还是最终退出了收购，而强生公司接受了 23 亿元的高价，于 2007 年 9 月 29 日正式与大宝达成收购协议。

2007 年 11 月 21 日，商务部举行了关于强生公司收购大宝公司的听证会，但未明确表态。11 月 23 日，大宝收购案进入听证阶段，大宝公司品牌是否保留仍是未知数。2008 年 7 月 30 日，美国强生公司旗下强生（中国）投资有限公司宣布，公司已经完成收购北京大宝化妆品有限公司的交易，大宝公司正式成为强生（中国）的全资子公司；同时，大宝公司的品牌将保留，原有的产品线暂时也不会发生变化，历时一年多的强生公司收购大宝公司一案终于成功落幕，谈判双方通过收购实现了双赢。

　　问题：试分析大宝在谈判过程中运用了哪些策略。

第二章 商务演讲

🎯 学习目标

学习目标1：了解商务演讲的各项基本概念。
学习目标2：掌握商务演讲的准备工作。
学习目标3：熟练把握商务演讲的技巧。

📦 案例导入

任正非：人生是美好的，但过程是痛苦的

今天我要跟大家谈谈应该怎么看待现实生活和工作中的问题，这样可以帮助一些在认识上还有差距的同事。同时，我还要通过你们向下传达一个精神：人生是非常美好的，但过程确实是痛苦的。

农民要耕耘才有收获；建筑工人不惧日晒雨淋，日夜辛苦工作才建成了美丽的城市。"少壮不努力，老大徒伤悲"，我想，各位能考上大学，都脱了一层皮吧……所有的一切，没有付出，是不会有收获的。当然，这些都是必要的辛苦，我今天要讲的是如何避免一些不必要的辛苦。

一、不要做一个完人，做完人很痛苦。大家要充分发挥自己的优点，让自己成为一个有益于社会的人

金无足赤，人无完人。完人实际上是很少的，我不希望大家做一个完人。大家要充分发挥自己的优点，做一个有益于社会的人，这已经很不错了。我希望你们把优势充分发挥出来，为社会做贡献。大家的优势加在一起，就可以形成一个具有"完人"特性的集体。

我在人生的路上的自我感觉是什么呢？就是充分发挥自己的优势。比如，我的英文成绩不高，但是不等于我的外语能力不行。我在大学可是外语课代表，我那时还自学了日语，都能和别人简单交流、看书了。但后来为什么不行了呢？我在20年军旅生涯中没使用过这个工具，就生疏了。当我走向新的事业的时候，虽然语言对我很有用处，但我最主

要的优势是逻辑思维能力很强。我放弃对语言的努力，集中发挥我的优势，这个选择是正确的。

每个人都发挥自己的优势，也多看看别人的优点，从而减少自己心理太多的压抑。要正确地估计自己，绝大多数人会过高估计自己。

大家要正确估计自己，这样才能够充分发挥自己的优势。同时，还要认识这个社会上差距是客观存在的。没有水位差，就不会有水的流动；没有温度差，风就不能流动；人和人的差距是永远存在的。相同的父母生下的小孩，也是有差距的，更何况你们的父母还不同。当同学、同事进步了，和你产生了差距，这时应该判别自己是否已经充分发挥了优势，若已经发挥了，就不要去攀比，若没有充分发挥，就发挥出来。

公司里有的员工，心里面常常愤愤不平，觉得委屈他了！其实我们公司很简单，并不像他们说的那样不公平。一个新员工进入这个公司，前半年先培训，后面一年左右主要是熟悉工作，他们真正为公司做出贡献是两年后，他们进公司时大约有五六千元的工资，这样的报酬在社会上已经不低了。但是他们和老员工对比，觉得愤愤不平，说老员工有股票。当公司处在创业风险中，你还没有出现，而老员工将工资、奖金甚至全部家当都投入公司了。你那时还没有进入这个公司，所以你没有为公司分担那时的风险，也就少享受了当下的一些福利。

人一定要有自我的满足感。你要和社会去比，和你的父母比。你想，在你爷爷那个时代，可能他们每个月只有四五十元工资，而到你父母那个时代，他们每个月可能就有四五百元的工资了，现在你每个月有五六千元的工资啊。实际上你已经有很大进步了！若要获得更多的回报，你就需要付出更多的努力。新老员工在薪酬体系上是处于同一轨道中的。

我曾经在公司讲过，要爱惜生命，不管是在工作中，还是生活中，工作太累了一定要休息。公司现在有文件，那些太累的员工，可以到海滨度假休整一下，由公司支付相关费用。

二、大家要对经济全球化以及市场竞争的艰难性、残酷性做好充分的心理准备

经济全球化使得竞争越来越残酷了，特别是在我们电子行业。举个例子，电子产品的性能、质量越来越好，越来越需要高素质人才，这些人必须得到很高的报酬才合理。但电子产品售价却越来越低。这就形成了矛盾，而如何解决这个问题，目前还没有很好的方法。

第一节　商务演讲概述

一、演讲的概念

演讲又称为演说，是一种带有艺术性而且针对性很强的社会实践活动。它是语言的一种高级表现形式，是一种有计划、有目的、有主题的信息的传播。成功的演讲可以使听众坚定信念或改变观点，心悦诚服地接受演讲者的意见。

演讲包含以下五个基本要素。

1. 演讲者

任何一场商务演讲都不可能离开演讲的主体——演讲者。演讲本身就是演讲者在特定的时空环境中，以有声语言和相应的体态语言为手段，公开向听众传递信息，阐明事理，表述见解，抒发情感，以达到特定目的的活动。演讲者的个人素质影响了演讲的效果。也就是说，演讲者的个人魅力影响演讲质量本身。

2. 听众

演讲者最终要面对的问题就是每个听众正在思考的问题：我从这场演讲中得到了什么？演讲者及其演讲目的通过听众才能实现，甚至可以说，让听众信服是演讲的目的。

3. 演讲的媒介

演讲的媒介包括两个方面：一是有声语言，这是演讲的主要媒介；二是体态语言，又称为身体语言，这是配合演讲的重要形式。

4. 主体形象

主体形象是指在特定环境中演讲者的衣着、打扮及相关环境。在演讲中必须注意的是：穿着应适合一定的场合，保持衣着整洁，不要穿着可能分散听众注意力的服装。

5. 时间和外部环境

任何一场演讲都是在特定的时间和场合下进行的，所以时间和外部环境会对演讲质量产生一定的影响。

二、商务演讲的意义

商务演讲是演讲的一种重要组成部分。在当今商业世界中，令人满意的演讲是不可或缺的。虽然通过互联网，人们可以跨越地域进行交谈，但公司仍不惜花费重金布置演讲现场，开展各种演讲活动，其中的原因就在于演讲在商务活动中有着不可替代的作用。

（1）从事经济活动的人，常常能从演讲（特别是各国领导人的演讲内容）中捕捉有关经济信息，从而确定投资方向。

（2）在经济活动中，企业或商业的领导人也常常利用演讲把企业活动的奋斗目标、方针、措施传达给本部门的职工，使领导的决心变成职工的具体行动。

（3）在贸易洽谈中，生动的演讲常常能把客户的注意力吸引到本企业的产品中，并使客户产生购买欲望。

（4）在涉外经济活动中，演讲是对外宣传并树立企业形象的重要手段。

（5）领导在就职时发表的就职演讲，对于其树立良好的形象起到非常关键的作用。

三、商务演讲的分类

商务演讲与一般的演讲不同，因为其通常带有商业目的。商务演讲种类繁多，较为常见的是按照演讲的功能和内容分类。

（一）按照演讲的功能分类

1. 告知型商务演讲

告知型商务演讲又称为介绍型商务演讲，其主要功能是向听众传达信息，通常包括以下两个方面的内容。

（1）传递信息。演讲的目的仅仅是向听众传达信息。这类演讲通常相当简短精要，着重于现状和事实。传达的信息也不会太复杂，对演讲者的演讲技巧要求不高，而听众只要倾听就能了解演讲内容，如在商务总结会议上部门领导的演讲。

（2）指导工作。在即将发表关于公司新政策的演讲中，不仅要宣布新政策，同时还要让员工了解该政策的具体实施方式，比如怎样填写表格，何时上交等。此时，演讲的目的不仅在于传达信息，还具有指导、下达指令等作用。

2. 说服型商务演讲

说服型商务演讲也就是劝说型商务演讲，是指就某个有争议的问题提出解决方案，并使用大量的逻辑、论据和情感来争取听众的认同，影响听众的态度。这类演讲和激发型演讲经常出现在商务演讲中，和商务谈判一样具有很强的目的性，因此对演讲者的演讲水平要求甚高。

3. 激发型商务演讲

商务演讲的目的不仅是传递信息、激励鼓舞、说服听众，希望听众能采取切实的行动。激发型商务演讲需要大量运用各种观点、建议和论据，从而使听众听从演讲者的建议。筹款演讲就是很好的例子，其演讲目的就是让听众从口袋里自愿掏出现金。为了保证演讲的有效性，演讲者本人应该坚定支持演讲的内容。

4. 娱乐型商务演讲

娱乐型商务演讲应突出轻松愉快、气氛活跃的特征。其主要功能是活跃气氛、调节情绪、使听众快乐。演讲多以幽默故事为主要题材，演讲者和听众的情绪都很放松，演讲的过程通常令人愉快。

（二）按照演讲的内容分类

1. 公关型演讲

公关型演讲是指企业在贸易洽谈过程中，以阐述本企业的对外政策、宣传本企业的发展优势与产品特色等为主题所进行的商务演讲。这类演讲对于企业的对外宣传，和吸引公众的注意力十分重要。

2. 动员型演讲

动员型演讲是指企业领导向职工解释发展规划、实施计划的意义与效益，可以最大限度调动广大职工积极性的演讲。

3. 经验介绍型演讲

经验介绍型演讲是指围绕产品质量、销售、管理等经济活动而进行的演讲等。

4. 总结型演讲

总结型演讲是指企业领导在被授权的大会（如职工代表会、理事会、董事会等）上汇报、分析、评价整体工作成果而进行的演讲。

第二节　商务演讲的前期准备

一、准备商务演讲的相关材料

商务演讲的材料包括以下内容。

1. 确定目标

演讲的目标是指演讲者希望在听众脑海里留下哪些演讲的内容以及听完演讲后他们会采取的行动。演讲的目的是传递信息、说明情况，还是唤起听众采取行动？每次演讲都会有独特的主题和存在的理由。

大部分演讲的目标符合下列六种类型。

（1）告知。发布某些消息，让听众从消息中受益。

（2）指导。指导听众完全领会演讲者的意图。

（3）娱乐。取悦听众，通过轻松有趣的方式来传达主题和信息。

（4）鼓动、激励。希望与听众产生共鸣，激发出听众内心深处最强大的力量。

（5）刺激。大量运用各种观点、建议和论据，从而使听众听从演讲者的建议，进而采取实际行动。

（6）说服。通过综合运用逻辑、证据和情感来说服听众接受演讲者的提议。

2. 确定主题

主题是演讲的灵魂，它决定了演讲的思想性，制约着材料的取舍和组织，影响了论证方式。它是选题的具体化和明朗化。若没有明确的主题，演讲就如同没有灵魂的木偶，即使演讲者讲得天花乱坠，也会让人不解其意。

确定主题时应注意以下两点。

（1）演讲主题应集中。每次演讲通常只能有一个主题，演讲者必须围绕这个主题展开论述。

（2）主题要鲜明、正确、新颖、深刻。

①鲜明，是指演讲主题贯穿全篇，能够给听众留下深刻的印象，并引起他们强烈的反响。

②正确，是指演讲者的观点具有积极意义，使听众受益。

③新颖，是指见解独特，给人以清新之感，对听众具有吸引力，能引起听众的兴趣。

④深刻，是指演讲者提出的主张和见解能揭示事物的本质，能使听众受到启发。

3. 搭建架构

任何一种形式的沟通，如报告、文章或者书信等，都需要有良好的架构，只有这样才能吸引听众的注意力，才能把自己想要传达的信息成功地传递给对方。搭建架构一是要决定大纲和主要内容，二是要做好时间分配。

如何设计演讲架构与组织语言？其实就是要做到"三要二性"。

"三要"就是开场白要有吸引力，内容要丰富饱满，结尾要耐人寻味。"二性"就是知识性和趣味性。

此架构提供演讲的三个必要步骤：开场白、内容和结尾。另外，整个演讲过程均要体现知识性和体现幽默感。

4. 搜集素材

在完成以上各项工作后，就应着手搜集素材、组织材料了。如何搜集素材呢？一是要在搭建架构、厘清思路后，整理手边已有的素材，掌握可用的和需补充的。二是素材准备要有弹性空间，可将素材进行分类。比如核心素材，即演讲时必须用到的素材；可任意处理的素材，即因演讲时间不足而省略，也不会对整个演讲造成损害的素材；辅助素材，即在时间足够的情况下提供给听众的辅助性素材，演讲中运用的素材必须是有益的，演讲者在回答听众的提问时也可以运用这些素材。

5. 撰写讲稿

搜集完素材，就可以开始撰写讲稿了。一篇好的讲稿是系统性、完整性、有效性要素的完美结合。讲稿的撰写一定要具体，不可罗列过多概念，内容要能够适合听众。

撰写讲稿时，建议采用 5W2H 的说明格式。

5W：When、Where、Who、What、Why（什么时间、什么地点、什么人物、什么事情、什么原因）。

2H：How to do、How much（如何做、做多少）。

讲稿写完后，应该再提炼出简单明了的提纲，然后记下来，而不是全篇背诵，因为那样很容易在演讲时稍一紧张就头脑一片空白，出现忘词现象而导致演讲失败。

二、解读听众

任何一种演讲成功的关键都在于听众对演讲的接受，因为他们才是这个场合的中心人物，而不是演讲者本人。因此，演讲者必须对听众进行深入的分析。

1. 需求分析

在演讲的准备过程中，演讲者要做好听众的需求分析，即需要将自己置于听众的位置来分析听众的喜好、听众的目的、听众对演讲内容的熟悉程度。最后，演讲者还要预测听众的获益度，即听众可以从演讲中得到什么。

2. 成分分析

演讲者在演讲前还必须了解听众的组成，以便有针对性地准备好演讲材料、演讲技巧、演讲风格。听众的身份地位、年龄、文化水平、经济收入等都会影响演讲方案的制订。

三、做好商务演讲前的心理准备

演讲者应具备两方面的心理准备：一是克服恐惧心理；二是激发听众兴趣。恐惧心理会给人带来超负荷的压力，从而抑制身体机能的正常发挥。

演讲者要从以下五个方面做好演讲前的心理准备。

1. 放松神经

幻想一幅平和安静的画面，然后收紧身体各个部分，再从足部开始逐一放松。

2. 假想自己成功时的景象

想象成功后的情景，借此享受其中的成就感，以达到舒缓压力的目的。

3. 想象对方是一般人物

通过自我暗示，演讲者可以镇定下来。比如，演讲者可以对自己说："我已经做好充分的准备，听众会非常乐意接受我的观点，我能成功。"

4. 情景预设

闭上眼睛，回忆上次演讲中的积极面和听众善意的回应，并且试想听众都是和蔼可亲、心胸开阔和愿意接纳外界事物的。

5. 预演

预演可以减缓演讲者的紧张情绪，帮助演讲者预控演讲时间，并能使内容更加精练。预演可以从大声读出稿子，录下"即兴"演讲过程，掌握并控制好时间，准备演讲大纲，面对找来的一个听众练习演讲等方面进行。

戴尔·卡耐基在总结成功的演讲经验时曾说过："一切成功的演讲，都是来自充分的准备。"因此，演讲者要注意搜集素材，在生活中经常练习，时刻准备开始演讲。因为只有这样，才能确保演讲成功。

第三节　商务演讲的艺术

一、设计精彩的开场白

作为演讲者，不管你准备了多少演讲内容，演讲最初的 30 秒都是最重要的，这就叫作开场白。演讲的开场白担负着建立演讲者和听众感情联系与打开场面引入正题的双重责任。

首先请比较下面两种不同的开场白。

"大家好，我是今天的演讲者，我今天要给大家讲的内容是吃哪些食物可以减少疾病的发生和缓解紧张情绪。"

"女士们，先生们：首先请允许我问大家一个问题，您愿意再增加 20 年寿命吗？如果愿意，那么请您在伸手拿盐瓶之前先三思。我是王××，今天我将与大家共同探讨 10 个非常简单而且已经被证明了的能够使您增加 20 年寿命的方法。"

精彩的开场白有许多好处：提高听众的兴趣；营造气氛，与听众产生共鸣；简述演讲的目的和要点；稳定演讲者的情绪，增强信心；等等。

1. 有效开场白的形式

有时不拘一格的开场会得到出乎意料的效果。演讲开场白的形式有很多，但最终的衡量标准只有一个：是否完成了接近听众和打开演讲场面的任务。也就是说，开场白是否能够吸引听众的注意力。下面是一些行之有效的开场白形式。

（1）以夸奖听众开场。为了让听众喜欢你，首先应该向他们表达自己对他们的好感。但不能漫无目的地说一些奉承的话，否则会有虚假献媚之嫌。

（2）自我介绍式的开场。当会场没有人介绍你时，"自报家门"也很重要，但要想吸引听众，介绍时不可落入俗套。

（3）以提问的方式开场。以提问听众，引起听众思考的形式作为开场白，往往非常奏效。例如，"在我开始介绍之前，有一个简单的问题请大家考虑……"

（4）以直陈反观点的形式开场。有些时候，开场直接点出意想不到的相反的思想会一下子激发听众的兴趣。例如，"比尔·盖茨曾说过'微软的目录服务领先于任何厂家'，我今天将在这里向您证明这不是真的……"

（5）使用令人惊奇的表述开场。这种开场白方式往往在吸引听众注意力、激发听众兴趣方面很有效。例如，"你知不知道烹饪豆腐有 4 000 多种方式？"

（6）妙用笑话开场。一个不错的笑话同样可以达到吸引听众的效果，还可以缓解紧张情绪，调动现场气氛。演讲者可以采用与听众或演讲场合相关的幽默。但要记住，笑话不要与演讲内容毫不相关。

（7）直接表明演讲目的的开场。开门见山式的演讲也是不错的选择，它可以让听众迅速进入听讲状态。

值得注意的是，开场白应该随着演讲内容、演讲者的气质、听众等不同而改变。演讲者应该结合自身情况，通过不断地实践探索出变化丰富的有吸引力的精彩开场白。

2. 不宜使用的开场白方式

有时候，一些不太好的演讲习惯会让演讲者刚开口就注定了演讲的失败。失败的开场一般表现在以下五个方面。

（1）不要边走边开场。有些人登上讲台的时候就开始讲话，有时是因为太紧张了。这样的开场除非处理得非常好，能马上给人以充满活力的感觉，否则会让观众感觉有点唐突。一般来说，应该等到站定并目视听众，使双方都稳定下来再开始你的演讲。

（2）不要以道歉的形式开场。我们经常会遇到这样的开场白："大家好！很抱歉，由于时间仓促，今天……"或者"请大家原谅，我不善演讲……"很多人认为这样可以使自己表现得更加友善和谦逊，但事实上往往事与愿违，听众会误以为你缺乏自信。不管我们的感受如何，以道歉作为开场白是错误的。如果希望别人为我们付出时间和注意力，开场白应该是这样的："听我说，我有一些有趣和重要的事情告诉你们！"适宜的开场白要新鲜，不可讲套话、空话、老话、大话、假话、官话。

（3）开场前 30 秒不使用媒体辅助。一般来说，演讲者不要一站上讲台，就急于打开投影仪或展示其他的辅助工具。因为灯光一打开，就会把听众的目光都吸引到最亮的灯光上，而忽略了演讲者本身。因此，演讲者上台后，不要急于打开投影仪，而应将一切准备好，等到合适的时候再打开。

（4）不要以解释你为何演讲开场。例如，"今天很荣幸受到大会的邀请，我想，×××请我来的原因是……"不要向听众解释演讲的原因，你站在台前就是最好的理由。有句话用在这里很合适："你的朋友不用解释，你的敌人不信解释。"

（5）不要以解释演讲的艰难程度开场。若这样做，往往你得到的不是听众的同情，而是听众的厌倦。听众甚至会认为这是你站在台前讲话所应该付出的，你的解释只是在浪费时间。

3. 开场的小技巧

（1）深呼吸。这是常用的缓解紧张情绪的方法，在演讲开场时，深呼吸会起到定气凝神的作用。

（2）稳步走上演讲台。这样会让演讲者看起来更加自信。

（3）点头含笑感谢介绍你上场的人，这种礼貌而流畅的衔接方式会充分展现你的亲和力。

（4）直立台前，调整姿势，让自己处于最佳状态，这样有利于演讲者的正常发挥。

（5）停顿稍立，自然微笑，与听众进行目光接触。这是演讲者与听众沟通的重要途径，也可以让听众注意听讲、积极思考演讲的内容。

二、运用合适的语言

演讲者要想在演讲中获得良好的效果，必须注意运用合适的语言。下面介绍一些相关方面的技巧。

1. 承上启下

（1）必须根据演讲的进展状况承上启下。例如，承接前面一位演讲者的讲话，使其自然过渡到自己的演讲主题，或以感谢主持人开场。

（2）在演讲过程中，演讲者应注意过渡性语言的使用，如然而、尽管、因此、总之等。

2. 少说客套话

有些演讲者在演讲时喜欢说客套话。例如，"本来我不想讲，可刘主任偏要我讲，讲不好，请大家原谅！"有位演讲者这样结尾："我的演讲就要结束了，我在此向大家表示深深的歉意。我耽误了每个人 5 分钟，加起来就等于耽误了大家 500 分钟，很对不起！"这种客套话会让观众认为演讲者不自信，还会使演讲显得冗长。

3. 从缓、平、稳开始

一般来说，演讲开始时语音要做到缓、平、稳。如果开始时声调太高，到后来感情强烈处就会声嘶力竭；而如果音量过低，以后再突出高音就会显得不和谐。

4. 起伏结合

演讲者要适度注意演讲的起伏张弛，变化有度。这主要是从语言、内容、情感三方面去体现，语调要有高低升降，速度要急促徐缓，声音要洪亮、音色要多变，情感要丰富。举例来说，可以使用升调，在句尾时音调变得较高，会造成提问题的感觉。而呆板的缺少抑扬顿挫的语调，会让听众厌烦。

（1）说话的速度要有所控制。为了营造沉着的气氛，说话稍微慢点是很重要的。要注意，倘若从头至尾一直以相同的速度演讲，听众大多会疲倦不堪，有时需适当停顿，以便进一步强调演讲内容。

（2）声音要清楚有力量。不管你先天的音质如何，应努力使你演讲的声音响亮有力，从而避免听众由于演讲者的音调低或不清楚，而听不到他的陈述。事实上，过低的嗓音使演讲者对要讲的话题显得没有把握；而语速过快，则可能会让观众的注意力无法集中。

三、使用恰当的身体语言

演讲的时候还要辅之以"演"，即运用面部表情、手势动作、身体姿态乃至一切可以理解的态势语言，使讲话"艺术化"，从而产生特殊的艺术魅力。阿尔伯特·梅拉比安说过，我们以三种方式认知：55%是视觉上的，38%是声音上的，7%是语言上的。可见，当走向演讲台时，演讲者就在听众心目中形成难以动摇的第一印象了。

下面将从不同方面介绍身体语言的使用技巧。

1. 面部表情

在演讲过程中，演讲者的面部表情会给听众留下极其深刻的印象。紧张、疲劳、喜悦、焦虑等情绪无不清楚地表露在脸上。演讲的内容即使再精彩，如果面部表情缺乏自信，演讲就显得缺乏说服力。

（1）微笑。在进行开场白时，演讲者要注意以微笑面对听众。事实上，除非讨论的是非常悲痛或严重的问题，否则就应该保持微笑。在演讲过程中保持微笑可以向听众展示你的自信。微笑显示你自信的同时，你会发现自己真的自信起来了，即使你起初还有紧张的情绪。另外，可以向听众传递温暖的信号，有利于演讲者和听众建立感情联系，因为绝大多数人愿意见到笑脸，而演讲者也会在微笑时显得更加亲切。所以，要想通过演讲达到良好的沟通效果，演讲者必须学会在自然、放松状态下微笑。

（2）目光。演讲者在演讲过程中一定要做到与听众的视线接触。在大众面前说话，即意味着必须面对所有人的注视。当然，并非每位听众都会对你报以善意的眼光。尽管如此，你仍然不能漠视听众的眼光，更不能避开听众的视线。

①视线接触的技巧如下。

a. 目光里饱含自信与诚意。用你的眼睛（结合前面说到的微笑）告诉全场的听众，你已经做好充分的准备，你是一个优秀的演讲者，愿意真诚地和大家分享自己的观点，让大家从和你目光的接触中感受到信心和亲和力。

b. 尽可能和全场范围的每一位听众进行目光交流。用你的目光让他们集中精力，因为大部分人都是充满善意的，很少有人会当面给你难看。同时，听众也可以从你的目光中获得尊重感。

c. 寻找充满善意和理解的目光，忽略冷淡的目光。这种方式有利于缓解演讲者的心理压力，增强演讲信心。这与前面提到的要与全场听众交流是不矛盾的，演讲者完全可以通过视线的全面交流，在听众中寻找"支持者"，并把你的目光更多地投向他们。

d. 每次和一个观众从容地进行目光交流。目光在每个人身上应持续停留5秒钟或者持续到某个意图表达完整之后，然后再转向下一个人，依此类推。演讲者应该把要表达的内容传递给听众，并和他们进行目光交流，而观众也会因此认为你控制着对话。

②视线接触应避免以下四点。

a. 仅仅扫视一下全场，且没有任何面部表情。这样会使你和听众之间产生很大的距离感，从而不利于与听众的感情交流，对于演讲的沟通作用也会产生很大的负面影响。

b. 只对着几个听众进行目光交流。只和少部分听众进行目光交流，会让其他的听众感觉不被重视甚至会产生其他想法。

c. 盯着观众的前额或头顶看。

d. 看天花板、地板、投影仪、白板，而不是听众。

2. 站姿

（1）站的位置。在演讲中，演讲者站的位置是很有讲究的。演讲者所站之处以位居听众注意力容易汇集的地方最为理想。让自己位居听众注意力容易汇集之处，不但能够提升听众对于演讲的关注度，甚至可以实现增强演讲者信赖度和权威感的效果。

要站在每位听众都可以看到的位置上，既能便于自己参考讲稿，还能便于自己控制演讲设备（如麦克风）。不要一直躲在讲台后不出来，应偶尔走出来让听众看到你的全身，这样可以拉近彼此的距离。

（2）站的姿势。演讲时的姿势也会带给听众某种印象，如堂堂正正的印象或者畏缩的印象。站姿一般有前进式、稍息式、丁字式、立正式等。站姿有以下四个技巧。

①张开双脚与肩同宽，将体重均匀分布于两腿，挺稳整个身躯。

②想办法缓解紧张情绪，如将一只手稍微插入裤子的口袋中，或者手触桌边，等等。

③紧张的轻松姿势。紧张与轻松看似矛盾，在演讲中却要做到和谐统一。首先，演讲毕竟是在公开的正式场合进行的，而演讲者又是演讲的主角，众人瞩目的焦点，自然不能像在日常生活中聊天时那样轻松随意。因此，演讲者要让自己振作起来，快速进入角色。同时，还要让身体放松，即不要过度紧张。过度紧张不但会使姿势僵硬，还会对舌头的动作造成不良影响。

④面对观众讲话。在演讲中不要对着演讲设备说话。很多演讲者喜欢对着屏幕讲，这是不良动作，你可以看着幻灯片，但不能对着屏幕讲，把后背留给听众，这是非常不礼貌的，同时也容易传达给观众你不自信、准备不充分的信息。

3. 手势

（1）手的位置。在演讲中，手的摆放位置同样很重要，通常，双手应自然下垂于两侧。如果演讲者在讲台后面，可以将双手自然地放在讲台两侧，也可以用手来操作演讲媒体、握住提示卡、笔、教鞭或者做手势等。但无论在什么情况下，演讲者都不该把双手置于裤子口袋内，或者不自然地手臂交叉。

（2）手势的运用。手的动作能帮助演讲者表现幅度、形势或位置。运用手势时自然得体，如请某人起来发言时，要手指并拢，手心朝上做抬起状请起。相反，请某人坐下时要手指并拢，手心朝下做下压状。下列是不应出现在演讲过程中的手势。

①玩弄笔、挂饰等。

②演讲者手拿教鞭，指向听众或者点投影幕布上的照片。

四、积极应对提问

在听演讲时，听众往往关注的是演讲的内容和提出的问题。在演讲中，如果安排听众提问，演讲者将面临很大的风险。因为如果回答得不妥，便会丧失演讲的主动权，甚至会影响演讲的说服力及演讲者的威信。如果成功地解答了听众的提问，将增加演讲的说服力，不但可以使听众获得有用的信息，还会心悦诚服。

面对提问时，演讲者首先需要克服巨大的心理压力。演讲者应该树立信心，告诉自己不要害怕，面对听众的提问要能够从容应对。

1. 记住称赞的力量

演讲者如果能习惯于在听众提出问题以后，说一些诸如"这个问题很有深度""你的问题触及了议题的本质"之类的话，这样可以帮助自己和听众建立一种和谐、融洽的气氛。

2. 有效地缩小范围

在提问开始前，演讲者可以向听众说明提问的范围，如"我很愿意回答与演讲有关的问题"。对于一些与演讲关系不大，或不可能引起普遍兴趣的个别问题，可以向提问者表示由于时间关系，很乐意在演讲后和他一起讨论。

3. 设法记住提问的问题

有的时候会有几个听众提问然后集中作答，也可能出现一个听众一下子提出很多问题的情况。演讲者应认真地聆听听众的问题，与提问人进行目光交流。同时，还要确定其他的观众也听见并理解了这个问题。

4. 有效地利用听众来回答问题

当遇到某位听众连续提问时，首先征求一下其他人是否有意见。其次并不是所有的提问都需要演讲者一一回答。有时候，可以像打球一样把球扔回给提问的听众，如"你会怎么做……""如果是你，会怎么处理呢?"

当然，演讲者还可以把球投向其他听众，将问题交给有专长的人去回答，如"小赵，去年你也碰到过这种情况，那时你是怎么处理的?"最后，演讲者还可以将球抛给所有的听众，让大家一起来解决问题，如可以这样表达："这位听众提的问题很有趣，让我们一起来讨论一下……"

五、设计有力的结尾方式

和开场白一样，结尾也是最能显示演讲艺术的重要环节。演讲的结尾应该感情充沛，语气铿锵。美国作家约翰·沃尔夫说，"演讲最好在听众兴趣未尽时戛然而止"，给人以振奋，给人以无穷的回味与不尽的遐思。苏东坡也说过，"言有尽而意无穷"，当演讲成功，演讲者退席后，他最后的结束语将在听众耳边回响，所谓"余音绕梁"就是如此。而那些平淡的结尾，往往有可能"为山九仞，功亏一篑"。

有人这样结束演讲："……上述就是我对这件事的看法，现在完了。"这是非常典型的失败结尾，不能给人留下思考的余地，而且显得非常唐突。那么应该如何结尾呢?常见的结尾方式有以下七种。

1. 总结主题思想

总结演讲要点，重申目的。回顾要点要求语言有高度的概括性，而不是简单地重复演讲内容。如果演讲的目的是向听众提供信息，这种方式可以帮助听众填补一些前面没有完全领会的空白，从而加深对演讲内容的印象。

2. 号召行动，寻求支持和投入

演讲者已经在演讲中告诉听众希望得到怎样的回应了。在演讲接近尾声时，演讲者要做的就是再次号召：增强语气，通过声音让听众兴奋起来。例如，"现在，让充满热情的我们做好准备吧，为实现公司的远大目标而努力!"

3. 展望未来

表达对听众将要采取行动的信心，通过对未来的美好憧憬来结束演讲，把听众带入美好的想象之中，从而心怀期待。例如，"运用这种新的广告方法，我们一定可以减少公司的损失，明年就不会再看到赤字了。"

4. 引用经典，总结发言

恰当引用经典可以高度概括演讲内容。另外，引用经典还可以给演讲者带来更多支持。例如，在人才招聘会上演讲时以"当聘用比你更聪明的人才时，恰恰证明你比他们更聪明"之类的经典语句结尾，可以起到不错的效果。

5. 向听众提出解决问题的方法

"万变不离其宗"，解决问题是提出问题和分析问题的最终目的。因此，在演讲结尾时提出几种解决问题的方法，将会起到画龙点睛的作用。

6. 引用振奋人心的事例

振奋人心的事例由于其生动性、形象性的特征，更容易在听众内心产生强烈的共鸣。在演讲末尾使用，可以把整个演讲推向高潮，并在高潮中结束演讲，使听众心潮澎湃、印象深刻。

7. 采用幽默故事或笑话

没有人不喜欢笑，当演讲者能够在听众满意的笑声中结束演讲时，演讲就成功了，而幽默具有最不同凡响的作用。

案例分析

王厂长是光明食品公司江南分厂的厂长。某天早晨7点，当王厂长驱车上班时，心情特别好，因为最近的劳动生产率报告表明，他管辖的江南分厂超过了公司其他两个分厂，成为公司人均劳动生产率最高的分厂。昨天，王厂长在与其上司的通话中得知，他的半年绩效奖金比去年整整翻了两倍！

王厂长决定今天要把手头的许多工作整理一下，像往常一样，他总是尽量做到当日事当日毕。除了下午3点30分有一个会议外，今天的其他时间都是空闲的，因此，他可以解决许多重要问题。他打算仔细审阅最近的审计报告并签署他的意见，并仔细检查工厂全面质量管理（Total Quality Management，TQM）计划的进展情况。另外，他还打算计划下一年度的资本设备预算，离申报截止日期只有10天时间了，他一直抽不出时间来做这件事。王厂长还有许多重要的事项记在他的待办日程表上：他要与副厂长讨论几个员工的投诉；写一份发言时间为10分钟的演讲稿，准备在后天应邀的商务会议上讲话；审查他的助手草拟的贯彻食品行业安全健康的情况报告。

问题：请你为王厂长起草一个演讲稿。

模拟演练

李小姐的客户见面会

李小姐是某著名化妆品公司的销售人员，该品牌化妆品采用直销的方式，经营范围也很广。李小姐原来的销售方法主要是通过人际接触，组织一些见面会，向潜在的客户介绍公司的产品，然后赚取销售提成。

今年，李小姐由于销售业绩不错而被提升为销售主管，她感受到了工作的变化。她原来的工作方法主要依赖一对一的沟通，而现在更多的是给客户介绍和展示产品。近期，李小姐准备组织一次小型的产品介绍会，她选择了公司中那个使用面积为 60 平方米的会议厅作为会议场地。为了更好地向客户宣传产品，李小姐对会议厅进行了重新布置，还计划添置一批必要的视觉辅助设施。

实训项目

（1）你认为李小姐应该添置哪些视觉辅助设施？

（2）你认为李小姐在介绍会开始之前要完成哪些方面的准备工作？

（3）请为李小姐的演讲设计开场白和结尾话术。

第三章 仪式类商务活动

学习目标

学习目标1：了解各种商务活动的特点及其产生的效应。
学习目标2：掌握仪式类商务活动的筹备工作内容。
学习目标3：掌握仪式类商务活动的一般流程。
学习目标4：能够根据实际情况策划并组办仪式类商务活动。

案例导入

全友家私自1986年成立以来，经过二十年的奋斗，现在拥有数个专业生产分厂及数家分公司，在全国有二十多个办事处、数百家经销商、1 000多家专卖店，产品覆盖板式、实木、软家具等系列并出口东南亚及欧洲市场，公司拥有先进的ERP系统，并从德国、意大利等国引进先进的生产线及一流的生产设备，公司荣获中国名牌、中国环境标志产品认证，国家免检产品等荣誉称号，秉承"真诚美好、追求无限、诚信经营、贴心服务"的经营理念，遵循"技术创新、管理创新、服务创新"的经营战略，坚持"质量、安全、环保、健康"的经营原则，以客户为中心，致力于推动21世纪中国绿色人居，打造中国民族家具工业第一品牌。

为全友家私做开业庆典策划，旨在迅速、有效、更进一步地宣传全友家私，并提高全友家私在广大消费者心目中的重要地位，从而奠定全友家私在宁夏市场的影响力和美誉度。

文艺节目表演

司仪：致开场白，介绍嘉宾、请领导及嘉宾讲话；

贵宾致辞［领导］；

总经理致欢迎词；

恭请贵宾致辞［代表］；

至舞台处举行剪彩仪式；

鼓乐、鞭炮、礼炮、剪彩；

文艺节目表演；

在商场一楼正门至电梯口铺红地毯，让礼仪小姐接引大家入场，还要摆放相应的指示牌；

在商场三楼中厅电梯口至全友家私正门口铺红地毯，让礼仪小姐接引大家入场，并摆放相应的指示牌；

在全友家私店面前110米长过道上方悬挂全友家私开业吊旗；

在全友家私店门口摆放气球彩虹门；

在全友家私店内布置吊旗、吊牌、X展架、KT板墙贴；

外场（部分工作21日下午即可开始）：

8:00 会场布置基本完毕；

9:00 现场一切准备工作全部就绪；

现场布置完毕（空飘20个、拱门10个、舞台长12米，宽8米、礼炮16门、金狮2个、小气球若干、抽奖箱1个等）；

9:00 现场音乐开始播放迎宾曲；

9:30 军乐队表演；

10:00 现场文艺节目开始表演；

10:30 来宾签到；

礼仪小姐身穿旗袍、身披飘带，站在入口处及一楼、三楼通道两侧迎宾，协助工作人员嘉宾发放资料并赠送小礼品；

欢迎各方嘉宾，使会场处于一种喜庆热烈的氛围中；

10:50 司仪宣布典礼即将开始，请各位嘉宾就位；

礼仪小姐引导嘉宾进入现场；

嘉宾进入观礼区［文艺表演］。

移至指定地点：

11:10 司仪宣布典礼正式开始（鸣炮奏乐、彩花飞舞）；

11:12—11:15 司仪介绍出席典礼的嘉宾及祝贺单位；

11:16—11:25 司仪恭请嘉宾致辞、总经理致欢迎词；

月星家居领导致辞；

全友家私甘肃办事处总经理致辞；

全友家私银川月星店总经理致辞；

11:27 剪彩；

月星家居领导、恒诺地产领导、全友家私甘肃办领导、全友月星店总经理、礼仪小姐手持剪彩托盘，立于剪彩区；

两位礼仪小姐引导嘉宾进入剪彩区。此时鼓乐齐鸣，会场气氛达到高潮；

11:30 司仪宣布剪彩仪式结束。

继续表演节目：

14:00 文艺演出开始；

利用商场原有舞台在商场一楼中厅抽奖；

16:30 主持人出场、与已到现场的嘉宾互动。每10~20分钟穿插有奖问答活动，凡参加者均可领取精美礼品一份，以带动现场互动氛围；

17:30 抽奖正式开始；

18:30 活动结束。

凡活动期间（11 月 22—23 日）在全友家私店面购买商品签订订货合同满一定金额的客户，均可获赠全友家私发放的抽奖券，参加 11 月 23 日 17:30 在月星家居商场一楼中厅举行的现场抽奖活动（注：抽奖当天 17:30 以后购物签单的客户将不再参加本次抽奖活动）。

参加抽奖活动时请将抽奖券副券投入抽奖箱，并保存好正券，以便开奖后兑奖。抽奖当日由商场工作人员从现场客户中请出志愿抽奖人员现场抽奖。

当日购物合同金额累计满 5 000 元，领取抽奖券 1 张；

当日购物合同金额累计满 10 000 元，领取抽奖券 2 张；

以 5 000 元为单位依次类推。

（1）投奖：抽奖券盖章指定时间为 11 月 22 日 9:00—18:00 和 11 月 23 日 9:00—17:30（过期作废）；

（2）开奖：抽奖券盖章指定时间 11 月 23 日下午 17:30 整（过期作废）；

（3）兑奖：抽奖当日可即开即兑，现场开奖现场领取，过期作废。

获奖客户可凭中奖奖券正券、有效证件、购物合同于开奖现场兑取相应的奖项。

一等奖 1 名，奖按摩椅 1 把，价值 4 999 元；

二等奖 2 名，奖跑步机 1 台，价值 3 999 元；

三等奖 3 名，奖电冰箱 1 台，价值 20×× 元；

四等奖 10 名，奖自行车 1 辆，价值 300 元；

五等奖 20 名，奖护眼灯 1 台，价值 50 元。

第一节　商务活动概述

商务活动是指为了达到一定的商业目的而进行的各种投资、收购、兼并、重组、贸易、合作、会议、培训、聚会、展览、报告等活动的总和。

一、商务活动的主要模式类型

随着社会进程的加快，商务活动的模式类型也在逐日增多，按照目的、开展的时机，商务活动大致可分成以下五种模式。

1. 建设型商务活动模式

建设型商务活动模式是指在组织初创时期或新产品、新服务首次推出时为打开局面而采用的公关工作模式，是用来打基础的一种模式。

建设型商务活动模式可采用的方法很多，主要有开业广告、开业庆典、新产品展销、新服务介绍、产品免费试用、免费招待参观、开业折扣酬宾、赠送宣传品、主动参加社区活动等。

2. 维系型商务活动模式

维系型商务活动模式是组织在稳定发展之际，用来巩固企业良好形象的一种商务活动模式。其做法是通过各种渠道和采用各种方式持续不断地向公众传递组织的各种信息，使公众在不知不觉中增强对组织的好感，成为组织的顺意公众。

维系型商务活动是针对公众心理特征而精心设计的，具体分为"硬维系"和"软维系"两种形式。

（1）"硬维系"是指维系目的明确、主客双方都能理解意图的维系活动。比如许多航空公司明确宣布，凡乘坐其公司航班多少次以上者，公司可提供免费旅行一次的优惠条件。其目的是同客户建立较长期的联系。国内外有些厂商还利用一些节日、纪念日，向自己的长期客户赠送一些小礼品，再开展一些联谊活动，以加强感情联络，发展厂商与客户之间的关系。

（2）"软维系"的对象和意图不太具体和明确，是在不知不觉中实现让自己的组织不被公众遗忘的目的。其一般是对广泛的公众开展的商务活动，具体方法有定期广告、组织报道、提供组织的新闻画册等。

📖 **小案例**

每年圣诞节，北京长城饭店公共关系部都会请一批孩子来装饰圣诞树。除供应他们一天的吃喝外，临走时还会送给每人一份小礼物。这些孩子分别来自各国驻华使馆，他们的父母都是使馆的官员。长城饭店是五星级饭店，入住的很多客人来自国外。邀请这些孩子来饭店，看起来是为他们举行了一项符合西方习惯的传统活动，但"醉翁之意"是希望通过他们来维系长城饭店与各使馆的关系。孩子们在饭店待了一天，长城饭店的豪华设施和良好的服务在他们幼小的心灵中留下了深刻的印象。他们的父母也一定会问孩子圣诞节在长城饭店过得是否愉快，还可能看看饭店赠送给孩子的礼品，于是，对长城饭店的好感就会油然而生。对于长城饭店而言，随之而来的必然是宾客盈门的盛况了。

3. 防御型商务活动模式

防御型商务活动是组织为了防止自身同公众关系失调而预先采取各种公关手段或活动的一种商务活动模式。开展防御型公关活动，应把握以下原则。

（1）具备危机意识，将问题扼杀在摇篮之中。

（2）形成预警系统，即有专人或专门机构来捕捉各种问题或危机苗头，以利于组织能及时调整自身的结构、产品、方针、政策或经营方式，以适应环境的要求。

（3）主动采取措施。一旦发现问题就不能不闻不问，必须及时采取措施，主动进行调整与引导，在公众尚未意识到问题的情况下就把问题解决了。

（4）增加透明度。一个组织的透明度越高，就越能减少与外部公众发生摩擦的可能性，即使发生了摩擦，也能及时解决。

4. 进攻型商务活动模式

进攻型商务活动模式是在组织与环境之间发生严重不协调时，以攻为守，以积极主动的方式去改造环境，从而树立和维护良好形象的一种商务活动模式。这种模式适用于组织与外部环境的矛盾冲突已成为现实，而实际条件有利于组织的时候。采用这种模式的最大特点是"主动"，即以一种进攻的姿态开展工作。

5. 矫正型商务活动模式

矫正型商务活动模式是组织遇到风险时所采用的一种商务活动模式。这种模式适用于组织由于公共关系严重失调而导致形象发生严重损害的时候。其特点是"及时"，即及时发现问题，及时纠正错误，及时改善不良形象。

二、商务活动的主要特点

1. 明确的目的性

商务活动往往会耗费大量资源，包括人力和物力。如某企业的产品要进入一个中心城市，恐怕要花数百万元的传播费用。比如某企业为了上市，开展了一系列的商务活动进行公关，相关费用达数百万元。既然花费如此之大，为什么还要组织这样的商务活动呢？当然是为了企业的传播需要，也是为了吸引更多的人去购买产品或服务，这是商务活动的目的。没有目的而耗费资金做活动是不可能的，目的不明确也是不值得的。我们经常遇到这样一些厂家，看到其他企业举办庆典活动，自己也要开展庆典活动，而且要求活动组织得更热闹、规格更高，但并不知为什么要这样做，要在活动中传播什么信息也不清楚，这明显没有目的性，效果也必然不佳。

确定商务活动的目的还要兼顾社会综合利益，不能只顾企业一己私利。因此，活动的目的性应该站在社会综合的立场上，而不仅是站在某一个企业的立场上。

2. 周密的计划性

凡事都应有计划，商务活动也不例外，而且要求企业准备更周密的计划。这就要求企业在开展商务活动之前要进行全面细致的调研和分析，再根据分析结果制订策划方案。

3. 广泛的社会传播性

商务活动本身就是在传播一旦活动开展起来，就能产生良好的传播效果。商务活动的信息是通过媒体或者公众传播的，这是在策划商务活动的过程中必须考虑的一个很重要的方面。

4. 严密的操作性

在组织商务活动的过程中，成功与失败的机会只有一次。因为商务活动不同于拍电影和拍电视，拍电影和拍电视可以拍三四组镜头，最后再进行剪辑，但是每次商务活动都是现场直播的，一旦出现失误就无法弥补了。

所以，对商务活动的策划与实施的周密性与安全性，绝对不能掉以轻心。

5. 高投资性

商务活动要投入的资金往往比较多，绝对不可能用很少的资金做出很大型的活动。我们可以提倡"一个铜板掰成两个甚至是多个来花"的精神，但高投资是商务活动最基本的特点。

6. 利益驱动性

商务活动以利益回收的高低来衡量活动的成功与否。商务活动的利益分为两个方面：

一方面是直接的经济利益回报，如通过产品推介会、展销会等，使企业的销售量大幅度提高；另一方面是间接的利益回馈，如赞助、慰问等社会公益活动，不仅不能带来直接的经济利益，企业还要投入一定的资金。但是，这类活动会给企业带来无形的信誉利益，可以大幅提升企业的知名度、美誉度。

三、商务活动所产生的主要效应

1. 蝴蝶效应

美国气象学家洛伦兹在 1963 年发表了论文《一只蝴蝶拍一下翅膀会不会在得克萨斯州引起龙卷风?》。他认为，亚马孙河流域的一只蝴蝶扇动翅膀，会掀起密西西比河流域的一场风暴。洛伦兹把这种现象称作"蝴蝶效应"。

"蝴蝶效应"的意思是一件表面上看来毫无关系、非常微小的事情，可能会带来巨大的改变。商务活动也是如此，一件小事或者一个小型活动就可能给企业带来巨大的影响。

📖 小案例

据《第一财经日报》的报道，2009 年 5 月，三星电子与百思买在中国正式签订了协同补货（CPFR）协议。

根据该协议，三星电子与百思买在供应链上共同管理采购预测与库存，共享客户信息，而三星电子的市场部将通过汇总的销售信息分析出大致的研发方向，如用户在最近半年或者一个季度喜欢什么样的手机等。

截至 2022 年 5 月，三星电子已经与北美和欧洲的 38 家零售流通渠道开展了 CPFR 合作。2004—2008 年，三星电子销售额增长 400%，物流库存减少 64%，预测订单的正确率提高至 93%，提前备货周期从 2005 年的 11 周缩减至 2008 年的 4 周。未来，中国的零售商也会成为三星电子信息链上重要的信息提供者。

在三星电子看来，如果高速信息流最后不能汇总到设计和专利上，这些信息并没有被充分利用。外部的信息获取要配合内部的积极"做功"。

信息反馈的高速战略使三星公司从缩短产品周期中获益。另外，三星电子还实行 B2B 和 B2C 两个市场并行，不仅生产成品，还生产成品的部件，再加上市场信息反馈的配合，就实现了产品多样化、大规模化，也掌握了成本领导权。

三星电子还成立了中国经济研究院，该研究院分析的内容从家电到房地产，再到中国的宏观经济。阅读该研究院的报告后，读者就可以发现，三星电子搜集了大量第三方数据，从调研机构易观国际到中国经济统计数据，数据量十分庞大。

在三星电子内部人士看来，这种分析对三星电子很有帮助，如中国的房地产情况就对家电的销售产生影响，而经济的涨落也会影响高端手机的消费心理。

三星电子巧妙利用了信息的"蝴蝶效应"，使自己的营销越做越成功。

2. 传播效应

在商务活动中，通过大众传播、组织传播和人际传播准确地将市场机会、投资信息、产品信息和服务信息等传播给目标受众群体，可以节约广告成本、增加传播的针对性和有效性。

小案例

2020 年 7 月，一位网名为"阿木爷爷"的 63 岁大爷在海外社交平台走红。"阿木爷爷"通过锯、刨、凿、磨等中国传统木工手艺，不用一根钉子、一滴胶水，制作出了各种精致木器，被网友誉为"当代鲁班"。因此，其积累了百万粉丝和上亿阅读量。"阿木爷爷"展现的"神秘中国技术"让国外网友叹为观止。他发布在海外社交平台上的视频中没有一个英文字母，却圈了无数海外粉丝，他用自己独特的方式向世界展示了中国文化之美，传递出中国智慧之光。

3. 整合效应

整合效应也叫互补原理，就是整体大于部分之和（1+1>2），而整合是一个优劣互补、资源匹配、功能放大的再造过程。

商务活动可以进行战略整合、技术整合、市场整合、资本整合、品牌整合、营销整合、文化整合、传播整合与资源整合等活动。

 小案例

麦当劳——加盟连锁经营的经典

1937 年，狄克·麦当劳与兄弟迈克·麦当劳在洛杉矶东部开了一家汽车餐厅。该餐厅制作出的汉堡包味美价廉，深受客户欢迎。虽然每个汉堡包售价仅为 15 美分，但年营业额仍超过了 25 万美元。不过，随着其他汽车餐厅越来越多，其经营也越来越艰难。

针对这种情况，麦当劳兄弟开始出售麦当劳的特许经营权。1953 年，一个名叫福斯的人仅向麦当劳兄弟支付了 1 000 美元，便获得了麦当劳的特许经营权，在凤凰城开了一家麦当劳快餐店。但是在早期，加盟店除了免除一周进货款和快捷服务的基本说明外，其他什么都没有。无论在财务上还是在经营上，加盟店都必须完全依靠自己。也正因为如此，当时许多麦当劳加盟店便随心所欲地改变麦当劳汉堡包口味或者经营品种，严重损害了麦当劳的声誉。十几家麦当劳加盟店的经营状况普遍笼罩在失败的阴影之中。

这时，克罗克出现了。当时，克罗克只是一位推销纸杯和搅拌机的商人，但是对于麦当劳的巨大发展潜力，他比麦当劳兄弟还要清楚。当时，美国人的生活节奏和工作节奏不断加快，用来吃饭的时间越来越短。克罗克知道，像麦当劳这样干净、便宜、品质优良而且方便快捷的快餐店，一定会大受欢迎的。

克罗克经过与麦当劳兄弟洽谈，成为麦当劳在全美唯一的特许经营代理商。1954 年，克罗克作为麦当劳特许经营代理商，替麦当劳兄弟处理特许经营权的转让事宜。

1961 年，麦当劳兄弟以 270 万美元的价格把麦当劳全部转让给了克罗克，从此麦当劳走上了凭借特许经营方式快速发展的高速公路。1968 年，克罗克开了有 1 000 家麦当劳店铺，1978 年就达 5 000 家。经过 40 余年的发展，麦当劳已有 28 000 余家店铺，遍布全球 100 多个国家和地区。如今，麦当劳金色的拱形 M 标志已成为世界市场上不用翻译就能懂的大众文化，其企业形象更是在消费者心目中深深扎根。

在全球的麦当劳餐厅中，70%是由特许经营者经营管理的。在美国的1.3万家麦当劳门店中，特许经营比例高达86%。麦当劳作为世界上最成功的连锁经营企业之一，凭借其引以为豪的连锁经营方式成功实现了异域市场拓展和国际化经营。

4. 多赢效应

多赢效应是指参加商务活动的各方都能从中达到各自的目的或得到预期的商业利益，可以节约广告成本，增加传播的针对性和有效性。

第二节 庆典活动

庆典活动是为庆祝某一重大事件而举行的一种公共关系专题活动，形式是多种多样，常见的有开业庆典、周年典礼、落成典礼等。

由于举办庆典活动可以向社会宣传组织的存在与发展，为组织创造良好的形象，因此，许多组织非常重视这一活动。每逢过节、开张，都是举办庆典活动的好时机，所以庆典活动是一个组织比较重要的公共关系专题活动。

庆典活动尽管类型各异、规模不同，但都有一个共性，即盛大、隆重、热烈、喜庆和丰富多彩。常见的庆典活动有以下四种。

（1）法定节日庆典，如元旦、春节、国庆节等。

（2）某一组织的节日庆典，如组织成立周年纪念日。

（3）特别"日""周""年"的典礼仪式，如秘书节、教师节等。

（4）签字仪式、颁奖仪式和授勋仪式等。

一、庆典活动准备工作的主要内容及方法

1. 做好舆论宣传工作

事前应利用传媒多做报道，多发布广告，也可派人在公众场合散发宣传品，引起公众的广泛关注。

公关活动及宣传广告等活动宜安排在庆典仪式前3~5天进行，过早和过迟都难以收到良好的效果。同时，还应提前向媒体记者发出邀请，让他们届时到现场进行采访，从而进一步扩大影响力。

2. 拟出宾客名单，发出邀请函

除媒体记者外，参加庆典仪式的人员还应包括以下四种。

（1）政府相关部门领导，邀请他们可以表达对上级机关的感谢并希望能继续得到支持。

（2）社会知名人士。利用名人效应，更好地提升自身的形象层次，如在庆典活动现场的节目演出中可以邀请知名歌星、影星登台献艺，也可以邀请知名度较高的歌星、影星等社会名流参加剪彩仪式，借此提高本单位的知名度。

（3）有功人士。有功人士指的是对企业的发展有突出贡献的人，比如，新的建筑物落成之际举办的落成典礼，在落成典礼上应该邀请负责建筑物筹建工作的领导出席庆典仪式。

（4）相关友好单位人士。邀请他们的目的是增进双方友谊，共谋发展。

还应列出参加庆典仪式的领导、工作人员的名单。名单一旦确定，就应及时发出邀请函，并在庆典开始前再次确认所邀请人员能否准时到达现场。

3. 选聘服务人员

现场服务人员应年轻、精干、形象好，佩戴的标志（胸卡、绶带等）要突出，宾客到场时，由主要负责人还应亲自相迎。

选聘服务人员时还应注意以下两方面内容。

（1）要对现场服务人员提前进行必要的礼仪培训。

（2）要让现场服务人员各司其职，把整个活动的流程都熟记于心。

4. 主持人的选拔

庆典活动最重要的就是气氛，要求隆重、热烈、喜庆。所以，要维持这种气氛，主持人起着很重要的作用。因此，要选择幽默风趣的主持人，而且要提前对其进行培训，让主持人明白此次活动的主题、目的及整个流程。

 小案例

尊敬的女士们、先生们：

大家上午好！

盛世创辉煌，龙马展精神。我是××服饰广场的策划总监××，今天的开业庆典由我来主持。首先有请参加今天庆典仪式的商厦领导上场。下面，我来为大家介绍参加本次开业庆典仪式的各位领导。

接下来，有请××服饰广场董事长兼总经理××先生讲话！

（董事长讲话略）

谢谢！董事长的话语不多，但句句精彩，都是肺腑之言！一席话为我们描绘了一幅蓬勃发展的辉煌蓝图，让我们真切地感受到那种拼搏向上的创业精神，看到了××服饰广场的美好前景，也表达了我们××服饰广场在今后经营中的决心。在这里购物，您一定会感到物有所值，可以花最少的钱，买到最好的衣服，我们会真正做到让客户微笑而来，满意而归，让每位客户都享受到购物的乐趣。

从今天开始，××服饰广场将带着温馨的祝福，逐渐走进××市老百姓的生活。您的关爱就是我们的动力，您的支持就是我们前进的脚步。我们相信，有了大家的关怀与支持，××服饰广场一定会生意兴隆、前程似锦的！

现在，我怀着激动的心情宣布：××服饰广场开业庆典仪式——现在开始！有请我们的演职人员入场，为大家奉献一场精彩的文艺表演！

今天××服饰广场的开业，不仅解决了政府为之头痛的商业难题，还为社会创造了100多个新的就业岗位。商厦开业以后，将立足于服务百姓。我们的口号是："打造老百姓的品牌服饰广场"，我们目的是："让老百姓花很少的钱，穿体面的服饰"，塑

造××百姓美丽穿着的风景线。

再次感谢政府相关各部门对我们商厦的关心，感谢社会各界的关注，感谢厂家一直以来的支持，感谢我们商厦所有员工的辛勤付出，并向各位朋友的驻足表示最衷心的感谢！

5. 资料的准备

在庆典活动前需要准备的资料大致包括以下五种。

（1）领导在庆典活动上的发言稿。

（2）主持人的主持词。

（3）宣传本单位的资料。

（4）庆典活动程序表。

（5）来宾的胸花、席卡、饮品、记录用的笔和记录便笺等。

最好为每位来宾准备一个方便的小袋子，将关于庆典活动的所有资料装在里面，以便取用。

6. 选购礼品

庆典活动也是宣传企业的机会，所以，要热情款待各位来宾。此外，还要为大家准备一份精美的礼品，以示对他们来到现场的感谢。

庆典活动礼品的选择除了要经济、别致之外，还要喜庆。

7. 布置现场

庆典仪式的现场一般选在广场上或有意义的建筑物的正门。现场布置要突出喜庆、隆重的气氛，应准备标语、彩旗、横幅、气球等，要注意以下四点。

（1）现场应有庆典仪式的主横幅。

（2）现场需安排摆放来宾赠礼，如花篮、贺匾、纪念物等的位置。

（3）要控制音乐的音量，不可影响周边地区的正常生活秩序。

（4）预见庆典仪式的场面规模可能会妨碍交通正常运转时，应约请交通管理部门来人协调指挥。

为了突显庆典活动现场的喜庆气氛，可以发挥想象力，将活动现场布置得富有创意，给来宾带来惊喜的感觉，从而得到良好的宣传效果。

8. 其他准备工作

在准备工作中，待上述大的方面落实之后，还有不少具体事务要处理，应认真落实。任何环节的具体工作都不能出差错，如请柬的准备和发送务必落实到被邀请人手中，并应得到确切的回复。贺词（或答词）的撰写、讨论和审定要慎重，字号要大，内容要简练，话语要热情。工作人员事前要调试好设备（如音响、摄像机等），千万不可临场出错。另外，来宾的胸花、席卡、饮品、礼物等都要一一准备好。

二、开展庆典活动的程序

庆典仪式的程序要求完整、协调、合理。其主要由以下六个步骤构成。

1. 迎宾、签到

接待人员现场迎接来宾，请其签到，引导其至座位上就座。

2. 仪式开始

主持人宣布仪式正式开始，让全体人员起立（不设座位应立正），奏乐，介绍各位来宾。

3. 安排剪彩、签字或颁奖活动

庆典活动中经常穿插剪彩仪式、签字仪式或颁奖活动，借此来增强庆典活动的意义和价值。

4. 致贺

按主持人的安排，由上级领导和来宾代表先后表达本单位的良好祝愿。

5. 致谢

由庆典负责人向来宾致谢，在场全体人员在音乐声中热烈鼓掌祝贺同庆。

6. 其他后续活动

以上程序结束后还可以安排丰富多彩的演出活动。在演出环节中，领导、新闻媒体可以离场。另外，如有必要，还可以安排来宾领取纪念品（也可在迎宾时发放）、就餐。

三、庆典活动中的主要礼仪

1. 仪式组织者礼仪

（1）仪容要整洁。参加仪式的人员应适当修饰自己。例如，男士应理发、剃须，女士可适当化妆。

（2）着装要规范。一般不宜随意着装，建议穿正式服装。

（3）准备要充分。要及时发放请柬，安排席位时要符合礼仪规范，迎宾车辆要干净和可以安全运行。要提前培训迎宾人员。

（4）要遵守时间。工作人员应严格遵守时间，不得无故缺席，还要自始至终参加仪式，不可中途退场。仪式应准时开始，按时结束。如果来宾中的主要人员晚到片刻，出于礼貌应稍等。

（5）态度要亲切。迎接来宾到场之后，仍应保持主动、热情，不要公式化地迎宾后就冷落客人，可以介绍来宾互相认识。

（6）行为要自律。应认真对待庆典仪式的每一个环节，不可在仪式开始后东张西望、垂头丧气、心不在焉，这样会给来宾留下极为不好的印象。

2. 宾客参加庆典仪式礼仪

作为应邀参加庆典仪式的宾客要注意自己的礼貌礼节，不辱使命，准确表达本单位的祝贺意愿，要注意做到以下六点。

（1）来宾要修饰仪容，特别是上级领导不可因分管之故，呼三喝四、随随便便。

（2）要准时到场，一般可提前半小时左右，因为过早或过迟都会给主办单位带来不便。如遇特殊情况无法到场，一定要尽早通知对方做好变动准备。

（3）参加庆典仪式时，按常规都应带上贺礼（如花篮、牌匾、楹联或实物礼品等）

以示祝贺之意。

（4）宾主相见时，来宾应主动对主人表示恭贺，多说吉祥、顺利等话语，对同是来宾的其他单位代表应主动打招呼，相互结识，交流攀谈，不应只顾和主办单位的人讲话，无视其他单位代表人的存在。

（5）在主人讲话时，来宾应表示赞同，点头示意，认真听讲中要不时鼓掌。不可无休止地与左右人员讲话或闭目养神，更不可剔牙、搓手、长时间接打手机等。

（6）仪式结束后，来宾应起身离座，与主办单位工作人员等握手话别或听从主办单位的其他安排。不可迫不及待地表现出要离开（特殊情况除外，但要说明），也不可悄悄地不辞而别。

第三节　剪彩仪式

通常，开工典礼、竣工典礼、奠基仪式、开业（开张）仪式、展销会、展览会等活动都要举行剪彩仪式。

一、剪彩仪式的准备工作

1. 确定剪彩人员

剪彩人员最好由客人担任，或是上级领导，或是主管部门负责人，或是某方面的知名人士，有时也可由主办组织的主要负责人担任，但人数不宜过多，应事先将相关事宜告知剪彩人员。

2. 挑选或聘请礼仪小姐

礼仪小姐应选容貌端庄、气质高雅、身材苗条的年轻好担任，让她们穿上统一的服装，工作主要是托送彩带花和扎花剪刀。

3. 准备剪彩用具

剪彩用具包括扎有彩带的剪刀、用丝绸扎成的彩带花和托盘，剪刀数量应与剪彩人数相等，剪刀要锋利，彩带花应比剪彩人员多一朵或一条。

二、剪彩仪式的程序

1. 请与会者入座

如果不是对号入座，可提醒与会者自选位置坐好，对就座于主席台上的贵宾或领导，应事先通知说明，由工作人员或礼仪小姐引领入座。

2. 宣布剪彩仪式开始

主持人宣布剪彩仪式开始后，应鼓掌向与会者表示谢意。如有必要，还应向与会者介绍一下参加剪彩仪式的领导和贵宾，并对他们的到来表示感谢。

3. 安排简短性发言

发言一般由主办组织的主要负责人担任，发言内容是介绍该项组织活动的宗旨和意义，并对有关过程进行汇报，同时也可安排有关部门的其他人员致祝贺词。

4. 进行剪彩

在剪彩时，主席台上的工作人员一般应尾随于剪彩者身后一两米处。

5. 组织参观、座谈或宴请

组织参观、座谈或宴请可根据不同的剪彩仪式灵活决定。

三、剪彩人员的礼仪要求

1. 注意着装打扮

由于剪彩人员特殊的角色地位，其穿着打扮总会引人瞩目，这直接关系到剪彩者的形象和仪式的效果。因此，剪彩者应注意穿着整齐、干净和利落，打扮要不落俗套，以给人留下美好印象。

2. 掌握举止仪表

剪彩人员应注意使自己保持一种稳重的姿态，快而不乱，忙而不慌。走向剪彩绸带时，要步履稳健、面带微笑、神情自然。当礼仪小姐用托盘呈上剪刀时，应以微笑表示感谢，然后向手拉绸带的礼仪小姐微笑致意，聚精会神地把彩带一刀剪断。

3. 节制谈笑

剪彩完毕，剪彩人员应把剪刀放入托盘内，与主人进行礼节性的交谈，但时间不宜过长。

 小资料

剪彩仪式的由来

20世纪初，美国的某个乡间小镇上有一家商店的店主独具慧眼，在一次偶然发生的事故中受到启发，以它为模式创立了一种崭新的庆贺仪式——剪彩仪式。事情的原委是这样的：当时，这家商店即将开业，店主为了阻止闻讯之后蜂拥而至的客户在正式营业前争先恐后地拥入店内，将用来促销的便宜商品争购一空，而使守时而来的人们得不到公平待遇，便随便找来一条布带子拴在门框上。谁曾料到，这项临时性的措施竟然更加激起了挤在店门之外的人们的好奇心，促使他们更想早一点儿进入店内，对即将出售的商品先睹为快。

事也凑巧，正当外人们的好奇心上升到极点而迫不及待的时候，店主的小女儿牵着一条小狗突然从店里跑了出来，可爱的小狗若无其事地将拴在店门上的布带子碰落在地。店外不明真相的人们误以为这是该店为了庆贺开张搞的"新把戏"，于是立即一拥而入，大肆抢购。让店主转怒为喜的是，这家小店在开业之日的生意居然红火得令人难以置信。

一向喜欢研究的他便追根溯源地对此进行了反思，最后认定，自己的好运气全是由那条被小女儿的小狗碰落在地的布带子带来的。因此，此后在他名下的几家"连锁店"陆续开业时，他便将错就错地如法炮制。久而久之，他的小女儿和那条小狗无意之中的"发明创造"，经过他和后人的提炼与升华，逐渐成为一整套仪式。这套仪式先是在全美，后是在全世界广为流传开来。在流传的过程中，该仪式也被人们赋予了一个极其响亮的大名——剪彩。

剪彩，在从一次偶发的"事故"发展为一项重要的活动程序，再演化为一项隆重而热烈的仪式，其自身也在不断发展和变化。

从剪彩的发展过程中可以看到，它最初只不过是人们用以促销的一种手段，到了后来，它才逐渐演变为商务活动中的一项重要仪式。

第四节　签字仪式

在通常情况下，政府企业以及其他社会组织之间通过谈判，就政治、军事、经济、科技等某一领域相互关系达成协议，缔结条约、协定或公约时，通常要举行签字仪式。

签字仪式虽不算是一种纯礼仪活动方式，但目前世界各国所举行的签字仪式都有比较严格的程序及礼节规范。这不仅显示出签字仪式的正式、庄重、严肃，也表明了双方对缔结条约的重视及对对方的尊重。

一、签字仪式的种类

根据形式和目的，签字仪式分为不同种类。

按照签字仪式形式、签字主体的不同，可以将签字仪式分为合作协议签字仪式、合作备忘签字仪式、个人签约某公司的签字仪式、多方合作协议签字仪式等类型。

按照目的的不同，签字仪式可以分为内部纪念和见证签字仪式、媒体发布签字仪式两种类型。

二、签字仪式的准备工作

签字仪式的整个过程所需时间并不长，也不像举办宴会那样涉及多方面的工作，其程序较简单。但由于签字仪式往往涉及国与国之间的关系，而且往往是访问、谈判成功的标志，因此，一定要认真筹办签字仪式。

1. 参加签字仪式人员的确定

出席签字仪式的人员应基本上是参加会谈或谈判的全体人员，如一方要求让某些未参加会谈或谈判的人员出席签字仪式，应事先取得对方的同意。但应注意，双方人数最好大体相等。不少国家或企业为了表示对签字仪式的重视，往往由更高级别或更多的领导人出席签字仪式。

在参加签字仪式的人员中，签字人和助签人员的职责比较多。下面详细介绍一下签字人和助签人员的职责。

（1）签字人。签字人是代表一个国家、政府或企业进行签字的人员，所以，签字人的选择十分关键。签字人应根据所签文件性质由缔约各方确定，既有由国家领导人签字的，也有由政府有关部门签字的。例如，不是国家级的项目，而是地区之间、政府部门之间或企业之间的协议，则由地区、政府部门或企业负责人签字（一般是法人代表）。但不管处于哪一级，双方签字人的身份都要大体相当。

（2）助签人员。助签人员的职能是洽谈有关签字仪式的细节并在签字仪式上帮助翻阅与传递文本、指明签字处。双方的助签人员由缔约双方共同商定。

2. 签字之前的筹备

（1）签字文本的准备。安排签字仪式时，应先准备签字文本。负责为签字仪式提供待签文本的主方，应会同有关各方一同指定专人，共同负责文本的定稿、校对、印刷、装订、盖火漆印等工作。按常规，应为在文本上正式签字的有关各方提供一份待签的文本。必要时，还可再向各方提供一份副本。

签署涉外文本时，比照国际惯例，待签的文本应同时使用有关各方法定的官方语言，或是使用国际上通行的英文、法文。此外，也可同时并用有关各方法定的官方语言与英文或法文。

待签的文本，应以精美的白纸印制而成，并用高档质料，如真皮、金属、软木等作为封面。

（2）签字物品的准备。要准备好签字用的签字笔、吸墨器、国旗等物品。

（3）服饰准备。在签字前要规范签字人员的服饰。按照规定，签字人、助签人员以及随员在出席签字仪式时，应当穿着具有礼服性质的深色西装套装、西装套裙，并配以白色衬衫与深色皮鞋。在签字仪式上露面的接待人员，可以穿工作制服或者旗袍一类的礼仪性服装。

（4）签字仪式现场的布置。现场布置的总原则是庄重、整洁、清静。我国常见的签字仪式布置方式：在签字现场的厅（室）内，可以设置一张加长型条桌，桌面上覆盖深冷色台布（应考虑双方的颜色禁忌），桌后只放两张椅子，供双方签字人签字时用。礼仪规范：客方席位在右，主方席位在左。桌上放好双方待签的文本，上端分别置有签字用具（签字笔、吸墨器等）。如果是涉外签字，应在签字桌的中间摆放一个国旗架，分别挂上双方国旗，注意不要放错方向，主方国与客方国旗帜悬挂的方位是面对正门，客右主左，即各方的国旗需插放在该方签字人座椅的正前方。

如果是国内单位之间的签字，可在签字桌的两端摆上写有地区、单位名称的席位牌。签字桌后应有一定空间供参加仪式的双方人员站立，墙上方可挂上"××（项目）签字仪式"字样的条幅。签字桌的前方应开阔敞亮，如请了媒体记者，应在签字现场留出相应空间，并配好灯光。

三、进行签字仪式的一般程序

签字仪式是签署活动的高潮，它的时间不长，但程序规范，庄严、隆重而热烈。签字仪式的正式程序可分为以下四项。

1. 签字仪式正式开始

各国签字仪式的程序大同小异，以我国为例，双方参加签字仪式的人员步入签字厅，然后签字人入座。双方的助签人员分别站立于签字人员的外侧，协助翻揭文本及指明签字处。

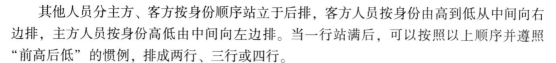

其他人员分主方、客方按身份顺序站立于后排，客方人员按身份由高到低从中间向右边排，主方人员按身份高低由中间向左边排。当一行站满后，可以按照以上顺序并遵照"前高后低"的惯例，排成两行、三行或四行。

2. 签字人正式签署文本

通常的做法是先签署己方保存的文本，再接着签署对方保存的文本。每位签字人在由己方保留的文本上签字时，按惯例应当名列首位。因此，每位签字人均应首先签署己方保存的文本，然后再交由他方签字人签字（由助签人员交换），其含义是在位次排列上，轮流使有关各方有机会居于首位一次，以显示各方平等。

3. 签字人正式交换已经由有关各方正式签署的文本

此时，各方签字人应当热烈握手，互致祝贺，并可相互交换各自方才使用过的签字笔，以示纪念。全场人员应鼓掌，表示祝贺。

4. 饮香槟酒

交换已签字的文本后，有关人员（尤其是签字人）应当场饮用香槟，向对方表示祝贺（在签字仪式结束后饮用香槟以示庆祝，是国际上通行的用以增添喜庆色彩的做法）。

在一般情况下，正式签署商务合同后，应提交有关方面进行公证，这样才算正式生效。

四、签字仪式的礼仪

谈判不成当然无须签字，签字是洽谈结出的硕果。在签字仪式上，双方气氛显得轻松和谐，也没有了洽谈时的警觉和自律，但签字仪式礼仪仍不可大意。

（1）注意服饰整洁、挺括。参加签字仪式时，应穿正式服装，不可随意着装，这表达了签字一方对签字的整体态度和对对方的尊重。

（2）双方签字人的身份和职位应对等，过高或过低都会造成不必要的误会。其他人员的站立位置和排序也应有讲究，不可自以为是。在整个签字完成之前，参加仪式的双方人员都应平和地微笑着站好，不宜随意走动、相互攀谈。

（3）签字应遵守"轮换制"的国际惯例。也就是说，签字人应先在己方保存的文本左边首位处签字，然后再交换文本，在对方保存的文本上签字。这样可使双方都有一次机会在首位签字。在对方文本上签字后，应由自己与对方签字者互换文本，而不是由助签人员代办。

（4）最后，双方举杯共饮香槟时，不能大声喧哗。碰杯时要轻，随后再高举示意；浅抿一口即可，举止应文雅、有风度。

五、关于多边条约的签字仪式

三个或三个以上的国家一起缔结的条约，通称为多边条约。其签字仪式与上述仪式大致相同，只是相应地增加了签字人员的座位、签字用具和国旗。在签订多边条约时，也可只设一个座位，先由公约保存国代表签字，再由各方代表依礼宾次序轮流签字。

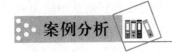
案例分析

别开生面的开业典礼

2011 年×月×日是××大酒店隆重开业的日子。

这一天，酒店上空彩球高悬，四周彩旗飘扬，身着鲜艳旗袍的礼仪小姐站立在酒店门两侧，她们身后摆放整齐的花篮，所有员工服饰一新，清爽整洁，精神焕发，整个酒店沉浸在喜庆的气氛中。

开业典礼在酒店前的广场上举行。

上午 11 时许，应邀前来参加庆典的有关领导、各界友人、新闻记者陆续到场。正在举行剪彩之际，突然下起了倾盆大雨，开业典礼只好移至厅内，一时间，大厅内挤满了参加庆典的人员和避雨的行人。典礼仪式在音乐和雨声中隆重举行，整个大厅内灯光明亮，使庆典别具特色。

典礼结束后，雨仍在下，厅内避雨的行人短时间内根本无法离去，许多人焦急地盯着厅外。于是，酒店经理当众宣布："今天能聚集到这里的都是我们的嘉宾，我代表酒店真诚邀请诸位到餐厅和我们共进午餐，全部免费。"霎时间，大厅里响起雷鸣般的掌声。

虽然该酒店为开业典礼额外多花了一笔午餐费，但名声在新闻媒体及众多客户的渲染中迅速传播开来，接下来的生意格外红火。

问题：分析该酒店开业典礼成功的原因，简要评析该酒店经理的做法。

第四章 商务宴请活动

学习目标

学习目标

学习目标 1：了解商务宴请的种类。
学习目标 2：掌握商务宴请的流程。
学习目标 3：正确理解宴请活动中的中西方礼仪差异。

案例导入

郭先生是一位外贸公司的业务经理。有一次，郭先生因为工作上的需要，设宴招待了一位来自英国的生意伙伴。有意思的是，一顿饭吃下来后，令对方最为欣赏的，倒不是郭先生专门为其所准备的丰盛菜肴，而是郭先生在陪同对方用餐时的举止表现。用那位英国客人当时的原话来讲就是："郭先生，你用餐时一点儿响声都没有，我感到你的确拥有很高的素质。"

第一节　宴请活动的种类

宴请活动是商务活动中最常见的交际形式之一，具有沟通协调的重要作用，是人与人之间、人与组织之间、组织与组织之间交往的重要桥梁。

宴请作为企业经常性的商务活动，通常是由秘书按照上司要求来安排落实的。无论是普通的便饭，还是隆重的宴会，都体现着企业的公关理念，也反映出秘书的礼仪水准和组织能力。

秘书作为企业管理者的助手和组织对外联系的代表，在宴请活动中往往承担着具体设计、组织和礼宾等任务。所以，秘书了解宴请的种类和目的后，可以对宴请活动的顺利举办起重要作用。

一、宴会

宴会是举办者为了表达敬意（或谢意）、联络感情、扩大影响等，备有成套酒菜，隆重招待宾客的活动。宴会为正餐，可分正式宴会、便宴和家宴三种。

（一）正式宴会

相对于非正式宴会而言，正式宴会是指按一定规格和要求，郑重其事地摆设的宴席。

国宴是最高规格的正式宴会。国宴是由国家元首或政府首脑作为国家的代表，为庆祝国际、国内重大节日，或者为欢迎外国元首、政府首脑的来访而举办的国家级宴会。

在宴会中，国宴规格最高，礼仪要求最为严格。宴会厅里必须悬挂国旗、设乐队、奏国歌。国宴的请柬、席卡和菜单上都印有国徽。席间，宾主双方相互致辞、祝酒，由乐队演奏两国的民间乐曲作为席间乐。国宴使用讲究的餐具，对菜肴的道数以及服务人员的装束和仪态都有严格的规范要求。

国宴参加者要按照宴会的性质或请柬的要求着装，准时赴宴，并注意入场仪式，还要按请柬上安排好的席位就座。国宴参加者要举止大方，谦和友好，保持高昂情绪、热情饱满。

至于其他正式宴会，由于规格和标准都低于国宴，所以在服务程序和礼仪要求等方面也相对宽松。如果地方政府或企事业单位宴请外国友好团体或商贸伙伴，即使在安排上与国宴大体相似，也不能等同于国宴。

正式宴会除了不挂国旗、不奏国歌，以及出席规格不同外，其他方面与国宴相似，席间乐仍可安排。主宾均按正式宴会要求着装，按身份排位就座。现代公务宴请提倡不饮烈性酒，可用葡萄酒及其他软饮料代替烈性酒。端上主食以后，一般不再喝酒，可送上水果、茶饮供宾客选用。

（二）便宴

便宴即便餐宴会，是一种气氛随和的非正式宴会。便宴规模不大，形式随便，电话或口头邀请即可，不用专门发出请柬，席间也不必刻意排座和安排发言讲话。菜式有多有少，质量可高可低，不拘于严格的礼仪程序，适用于日常交往过程中招待熟悉的宾朋好友。

常见的便宴有午宴和晚宴两种，也有共进早餐的。便宴是友好交往与商务活动中运用得最广的一种宴会形式。

（三）家宴

家宴是以私人名义，在自己家中设便宴招待客人的一种宴会形式。家宴招待的人数通常较少，常由家庭主妇亲自下厨以示对客人的友好和欢迎。家人均可作陪，共同招待客人。

席间主、宾随意侃谈，气氛轻松、自在，不讲究严格礼仪及菜式。

家宴是宴会的形式之一，不仅适用于民间交际，还常被商务人员作为联络感情、促进交流的一种方法。

二、招待会

招待会不同于正餐，主办方只提供简单的食品和饮料，一般不安排固定席位，宾客和

主人的活动也比较自由灵活，不拘泥于形式。常见的招待会形式有冷餐会和酒会。

（一）冷餐会

冷餐会不安排席位，提供的食品以冷食为主，餐台上放置了各种餐具，供宾客取用。在冷餐会上，宾客可自助取食，边用边谈。酒水可集中摆放，宾主双方既可自己取用，也可以让服务员用托盘送上。冷餐会可以在室内，也可以在室外花园举办；可以不设座椅，让大家站立用餐，也可以设置少量座椅供需要者使用。

冷餐会的举办时间通常为12:00—14:00或17:00—19:00。这种形式最适合招待人数众多的宾客。

（二）酒会

酒会又称为鸡尾酒会，主要备有酒水和小吃，一般不设座位，只设小桌，供宾主双方放置酒杯和盘子。

酒会举行的时间比较灵活，客人抵达和退席的时间不受限制，由于形式较为活泼自由，便于出席者广泛随意地交谈。

三、茶会

茶会是简便的一种招待形式，举办的时间一般在16:00左右，地点一般设在单位或营业性茶楼。举办场地内需设置座椅和茶几。如果有贵宾出席茶会，应该把贵宾和主人安排在一起就座，其他出席者可以随意就座。

由于要请客人品茶，需要在茶会上准备上等的茶叶，茶具也比较讲究。

四、工作进餐

工作进餐可分为工作早餐、工作午餐和工作晚餐，也是现代交际中经常采用的一种非正式宴请形式。这种宴请属于工作性质，出席者的配偶一般不参加，大家边谈边吃，快捷简便。

另外，工作进餐还有野餐、早茶等种类。

野餐在室外举行，主要采用烧烤食品的方式，轻松、而且很有趣。

早茶是中国人商务应酬的一种简单、随意的方式。在中国南方地区，很多生意上的事往往就是在酒楼茶坊中谈妥的，因为随意，交谈时没有压力，沟通起来也容易得多。

第二节 宴请活动的流程

宴请对于宾客而言是一种礼遇，必须按照规格、有关礼节礼仪要求来组织。

一、宴请准备工作

（一）确定宴请的目的、对象、范围和形式

1. 目的

宴请可以是为某人或某事而举行的，只有明确了宴请的目的，才能确定选择哪种形式

的宴请。

2. 对象

首先应该明确宴请对象。因为只有明确了主宾，才能根据其身份、名望、国籍、习俗、爱好等确定宴会的规格、主陪人及用餐形式等。

3. 范围

宴请的范围是指宴请哪些方面的人士、什么级别、请多少宾客、主方请多少人作陪等。这些都需要事先从宴请的性质、主宾身份、国际惯例、双方关系，以及当前的政治气候、经济形势等方面考虑，而且人员名单和人数都应该事先确定。注意宾主的身份应该对等，如果主人以夫妇名义发出邀请，主宾应偕妻子（或丈夫）参加。另外，还要列出出席者名单，并写明职务、称呼等。

4. 形式

宴请的形式要由宴请的对象、目的、范围来决定。

（二）选择时间、地点

1. 时间

宴请时间一般可根据主客双方方便、宴客的性质和宴会的种类三种情况来确定。首先，宴客应选择在主客双方都合适而且方便的时间。

2. 地点

宴请地点主要根据宴请的规格来选择，规格高的安排在高级饭店，而一般的商务宴请要根据活动性质、规模大小、主人意愿及实际情况等安排在合适的饭店。另外，在选择餐厅时，要特别留意餐厅的用餐环境。而选择用餐环境时，必须考虑以下三方面因素。

（1）包间要足够大。在一个相对宽松的空间里，气氛才能轻松。

（2）包间里要有独立的沙发区和卫生间。客人一般不会同时到达，而沙发区可以给先到的人提供休息之处。另外，沙发最好为 U 形或 L 形，因为除了非常熟悉的人，人们并不习惯在沙发上并排而坐，尤其是初次见面的人，保持合适的距离很重要。

（3）如果宴请政府领导或很重要的客户，要留出足够的地面停车空间，最好不使用地下车库。

（三）邀请

邀请的形式一般分为口头邀请（包括电话邀请）和书面邀请。

1. 口头邀请

口头邀请就是当面或者通过电话把这个活动的目的、意义，以及邀请的范围、时间、地点等告诉对方，然后等待对方的答复。口头可以提前 2~3 天发出邀请，并在开宴当天再次与对方确认是否前来。

发出口头邀请时，语气要恳切，表述要清晰、准确。

2. 书面邀请

书面邀请即给对方发送请柬（或称请帖），将宴会活动的内容告知对方。请柬是一种比较正式的邀请形式，通常提前 1~2 周发出，以便被邀请者尽早做出安排。

请柬内容应该包括活动的主题、形式、时间、地点、主人姓名。请柬的印制要精美，内容要完整，文字要简洁，措辞要热情。被邀者的姓名要书写整齐，不能潦草马虎。为了慎重起见，主办方在宴请前夕，还要确认邀请对象是否收到请柬，并确认其能否可以出席宴会。

（四）安排席位

正式宴会通常事先排好座次，以便宴会参加者各得其所，入席时井然有序，这也是对客人的尊重。至于非正式的小型便宴，可以不排座次。安排座位时，应考虑以下八点。

（1）以主人的座位为中心。当有女主人参加时，则以主人和女主人为基准，按照关系远近依次排序。

（2）要把主宾及其夫人安排在最尊贵且显要的位置上。通常的做法是以右为上，即主人的右手边是最显要的位置，其余人员则按礼宾次序就座。

（3）在遵从礼宾次序的前提下，尽可能使相邻就座者便于交谈。例如，在身份大体对等时，应把使用同一语言（方言）的人排在一起。

（4）作陪人员应尽可能在客人之间坐下，以便与客人交谈，避免自己人坐在一起，冷落客人。

（5）夫妇一般不相邻而坐。西方的习惯是女主人可坐在男主人对面，男女依次相间而坐，女主人面向上菜的门。我国不受此限制。

（6）翻译员可安排坐在主宾的右侧，便于翻译。有些国家习惯不给翻译员安排席次，让他们坐在主人和主宾背后工作，另行安排用餐。

（7）席位确定后，将席位卡放在座位前方，将桌次卡放在桌子中间。

（8）通知席位。通知席位的办法分为以下三种。

①较大型宴会，以在请柬上注明席次为宜。

②中小型宴会，可在宴会厅门口放置席位图，注明每个人的位置，供大家查看。

③小型宴请，可口头通知，或由主人及招待人员引导入席。

（五）拟订菜单

宴会上的食品菜肴不仅要可口，适合来宾的口味，还要美观大方，让人赏心悦目。客人往往能从主人准备的美味佳肴中体会到其热诚待客的心意。所以，对于宴会菜单的拟定，主人大多比较重视。

拟定菜单时要考虑客人的身份和宴会范围，尊重客人的饮食习惯和禁忌。

拟定菜单要结合宴请的形式、档次、时间，以及宴请对象的喜好和禁忌进行，还应考虑开支的标准，做到丰俭得当。

拟定菜单要注意以下五点。

1. 宴请的种类

宴会的菜单比较正规，突出主菜，冷热荤素兼顾，规格较高；自助餐和酒会的菜单则相对简单一些。

2. 宴请的时间

晚宴比午宴和早宴隆重一些，所以菜的种类也应丰富一些。

3. 宾客的禁忌

比如海鲜虽名贵，但对于岁数较大、体质较差的客人来说，不宜多吃。同时，主人对民族或地方的禁忌也应有所了解，做到特殊对象特殊安排。

4. 订菜的方式

正规的宴会常供应多种档次套菜，而菜肴品种和价格都是饭店事先确定好的，但主人也可不订套菜，在征求饭店同意后，自己设计菜单，从而能够更加符合客人的口味和宴会的需要。

5. 酒水的选用

宴会中使用的酒水主要是指酒类和清凉滋补的软饮料。酒水在人们宴饮中的地位非常重要。各个国家、各个民族在饮酒方面也形成了自己的观念和生活方式。因此，在就餐过程中要特别重视酒水的安排。

酒水与宴会的搭配原则如下。

（1）酒水的档次应与宴会的档次相符。宴会用酒应与其规格和档次相匹配。若举办高档宴会，选用的酒水也应是高规格的。普通宴会则选用档次一般的酒水。

（2）酒水的来源应与宴席特点相符。通常，中餐宴往往选用国酒，西餐宴往往选择外国酒。

（3）酒水要有助于充分体现菜肴色、香、味等风格。人之所以习惯于在进餐时饮酒，是因为许多酒水具有开胃、增加食欲、促进消化等功能。菜肴与酒水配饮得当，能充分增强菜肴的色、香、味。比如，西餐讲究"白酒配白肉，红酒配红肉"，较为清淡的鸡肉、海鲜适宜配饮淡雅的白葡萄酒，二者交相辉映，互增洁白晶莹的特色；而厚重的牛肉、羊肉适宜配饮浓郁的红葡萄酒，二者相互映衬，更显浓郁、香馥的风格。

不论是以酒佐食还是以食助饮，其基本原则是进餐者或饮酒者要能从中获得快乐和艺术享受。酒精含量过高的酒水对人体有较大的刺激，若进餐时过多饮用，会来不及消化和吸收，从而使人胃口猛减，对菜肴的味感迟钝。有的烈性酒辛辣过头，使人饮后食不知味，从而喧宾夺主，失去了佐助的作用。此外，由于各种药酒、鸡尾酒的成分比较复杂，香气和口味往往较浓烈馥郁，通常不作为佐助酒水饮用。

二、宴请程序

按照国际惯例，正式宴请的程序为迎宾、小憩、入座、致辞、宴会、休息，最后是送别。

1. 迎宾

宴会开始前，主人应站在场地门口迎接客人。客人与主人握手后进入休息厅，如无休息厅则直接进入宴会厅，但不入座。当主宾到达后，主人即陪同主宾进入休息厅或宴会厅。这时如有其他客人陆续前来，可由其他官员代表主人在门口迎接。

2. 小憩

客人刚到需要稍事休息，也可在这段时间等待其他还没有到来的客人。小憩之处可以选在休息厅，也可选在会客室，总之不要让客人看着服务人员准备饭菜。这时主人可以给客人茶水和湿纸巾。主人应该在休息厅里陪客人叙谈一会儿，等预定时间一到或主要客人已到齐时，就可以开宴了。

3. 入座

开宴时最需要注意客人的落座。如果事先已经安放了座位卡，也需要引座，顺序是男主人引领女主宾第一个入座，女主人引领男主宾最后一个入座，而服务人员为其他客人引座。如果没有安放座位卡，则需要有秩序地引领客人们入座。

4. 发表讲话与进餐

如果主宾双方需要在宴会上讲话表达某种意愿，入席以后就可以开始发表讲话了。讲话时间最好短一些，并注意气氛的轻松、幽默。在主宾双方讲话时，无论是否喜欢听，都必须耐心安静地等他们讲完，等主人宣布开宴之后（通常以祝酒的方式宣布开宴）再用餐。有时讲话也会被安排在其他时间，这时大家应放下餐具，停止进餐，停止与邻座的客人谈话，注意聆听主宾双方的讲话。

当主宾双方相互祝酒时，所有客人应举杯向主人示意，然后再在餐桌上相互交叉碰杯。

5. 宴会结束

吃完水果，主人与主宾起立，宴会便告结束。

主宾告辞，主人送至门口，待主宾离去后，迎宾人员按顺序排列，与其他客人握别。

三、宴请服务

1. 宴会开始前做好准备工作

（1）秘书在接到任务后，应该掌握宴会的规格、标准、餐别、人数，宾客的国籍、民族、宗教信仰和生活习惯，然后确定服务方案及注意事项。

（2）在布置场地时，要对所有设备及餐具进行检查，发现问题及时更换，美化环境，摆放花草，然后根据人数及餐别调整桌椅布局。

（3）整理会客厅、休息室和衣帽间。

（4）了解宴会菜单和主要食品的特色与风味，做好上菜、分菜和回答宾客询问菜肴特色的准备工作。

（5）备齐备足宴会所需要的餐具、酒具、酒水及调味品。

（6）根据餐别和规格摆台，并在大家入席前 5~10 分钟摆放好冷盘。

2. 宾客抵达时做好接待工作

提前安排服务员按照分工在各自岗位上礼貌热情地迎接宾客，在帮助他们脱下衣帽后，将其引入休息室、会客室或直接陪同其进入宴会厅。同时，还要保管好宾客的衣物。宾客走近座位时，服务员应拉开座椅，请其入座。引导宾客入座时，要按照先女宾、后男宾和先主宾、后一般宾客的顺序进行。

3. 宾主入座后做好服务工作

为宾客提供酒水服务，应依据先主宾后主人和先女宾后男宾的顺序进行。席间，应按照中餐或西餐的服务程序与标准上菜、分菜、分汤、斟酒。

4. 宴会结束时做好送别工作

宾客用餐完毕起身后，服务员应该为其拉开座椅，目送或者陪送其到宴会厅门口。如果宾客用餐后在会客室休息，服务人员要及时递送茶水或饮料。宾客离开时，服务人员要及时准确地将衣帽取下递给宾客。清台时，要注意检查宾客是否遗留了物品，如果发现遗留物品，要及时送还宾客。

5. 其他注意事项

在宴会服务过程中，和服务人员要按照规范注重仪表，讲究文明用语，动作要轻、稳、敏捷。若遇到宾客不慎打翻酒水，服务人员不可惊慌，应马上处理，为其更换所需的餐具和其他物品。

第三节　宴请活动的礼仪

一、中餐礼仪

中餐宴会是指具有中国传统民族风格的宴会，有一套完整的宴请流程和礼仪要求。

（一）席位的排列

中餐席位的排列关系到来宾的身份和主人给予对方的礼遇，是一项重要的内容。中餐席位的排列在不同情况下有一定的差异，可以分为桌次排列和位次排列两类。

1. 桌次排列

在中餐宴请活动中，往往采用圆桌布置菜肴、酒水。排列圆桌的尊卑次序，有以下两种情况。

（1）由两桌组成的小型宴请。这种情况又可以分为两桌横排（左右型）和两桌竖排（上下型）的形式。当两桌横排时，桌次是以右为尊。这里所说的右和左，是由面对正门的位置来确定的。当两桌竖排时，桌次讲究以远为上。这里所讲的远近，是以距离正门的远近而言的。

（2）由三桌或三桌以上的桌数所组成的宴请。在安排多桌宴请的桌次时，除了要注意"面门定位""以右为尊""以远为上"等规则外，还应兼顾其他各桌距离主桌的远近。通常，距离主桌越近，桌次越高；距离主桌越远，桌次越低。

在安排桌次时，所用餐桌的大小、形状要基本一致。除主桌可以略大外，其他餐桌都不要过大或过小。为了确保宾客能及时、准确地找到自己所在的桌次，可以在请柬上注明对方所在的桌次，或在宴会厅入口悬挂宴会桌次排列示意图，也可以安排引位员引导宾客按桌次就座，或在每张餐桌上摆放桌次牌（用阿拉伯数字书写）。

2. 位次排列

（1）位次排列的原则。

①右高左低的原则。两人一同并排就座时，通常以右为上座，以左为下座。这是因为中餐上菜时多按顺时针方向上菜。

②中座为尊的原则。3人一同就座用餐，坐在中间的人在位次上高于两侧的人。

③面门为上的原则。用餐的时候，按照礼仪惯例，面对正门的是上座，背对正门的是下座。

④观景为佳。在高档餐厅里，室内外往往有优美的景致或高雅的演出，供宾客欣赏。这时候，观赏角度最好的座位是上座。

⑤靠墙为好。在某些中低档餐馆用餐时，通常以靠墙的位置为上座，以靠过道的位置为下座。

（2）位次排列的基本方法。位次排列的基本方法有以下四种，往往会同时发挥作用。

①主人通常应面对正门而坐，并在主桌就座。

②举办多桌宴会时，每桌都要有一位主桌主人的代表在座。位置一般和主桌主人同向，也可以面向主桌主人。

③各桌位次的尊卑，应根据距离该桌主人的远近而定，以近为上，以远为下。

④各桌距离该桌主人的位次，讲究以右为尊，即以该桌主人面向为准，以右为尊，以左为卑。

另外，每张餐桌的用餐人数应安排不高于10人，最好是双数，如6人、8人等。如果人数过多，就会显得拥挤。

为了便于宾客准确无误地在自己位次上就座，服务人员和主人除了要及时加以引导指示外，还应在每位来宾所属座次正前方的桌面上，事先放置醒目的个人姓名座位卡。举行涉外宴请时，座位卡应以中、英文两种文字书写。我国的惯例是，中文在上，英文在下。必要时，座位卡的两面都书写用餐者的姓名。

（二）餐具的使用

中餐的餐具主要有筷子、汤勺、碟子、水杯等。筷子与汤勺可放在专用的架子上，或者放在纸套中。

1. 筷子

筷子是中餐中最主要的餐具。握筷姿势应规范，当进餐中需要使用其他餐具时，应先将筷子放下，一定要放在筷子架上，不能放在杯子或盘子上。如果不小心把筷子碰掉在地上，可请服务人员换一双。在用餐过程中，已经举起筷子，但不知道该吃哪道菜时，不可将筷子在各碟菜中来回移动或在空中游弋。不要用舌头舔食筷子上的附着物，更不要用筷子推动碗、盘子和杯子。因为有事而离席时，不能把筷子插在碗中的饭里，应把它轻放在筷子架上。

2. 汤勺

汤勺的主要作用是舀取食物。用筷子取食时，也可以用汤勺来辅助。尽量不要单用汤勺去取菜。用汤勺取食物时，不要过满，免得溢出来弄脏餐桌或衣服。用汤勺舀取食物后，可以在原处"暂停"片刻，待汤汁不再往下流时再拿走。暂时不用汤勺时，应放在自己的碟子上，不要把它直接放在餐桌上，或是让它在食物中"立正"。用汤勺舀取食物后，要立即食用或放在自己的盘子里，不要再把它放回原处。如果取用的食物太烫，不可用汤勺舀来舀去，也不要用嘴对着吹气，可以先将食物放到自己的盘子里，等凉了再吃。不要把汤勺塞进嘴里，或者反复吮吸。

3. 碟子

碟子主要用来盛放食物。碟子的主要作用是暂放从公用的菜盘里取来享用的菜肴。用碟子时，一次不要取放过多的菜肴，也不要把多种菜肴堆放在一起，弄不好它们会相互

"窜味"，不好看，也不好吃。不吃的残渣、骨、刺不要吐在地上、桌上，而应轻轻取放在食碟前端，放的时候不能直接从嘴里吐在食碟上，要用筷子夹放；如果食碟放满了，可以让服务员重新更换。

4. 水杯

中餐的水杯主要用于盛放清水、果汁、汽水等软饮料，注意不要用水杯来盛酒，也不要将其倒扣。另外，喝进嘴里的饮料不能再吐回水杯里，这样做十分不雅。

（三）上菜顺序的安排

不同种类的宴会，上菜的程序是不完全一样的，但从总体上说，中餐上菜的程序是基本固定的。中餐一般讲究先凉后热，先炒后烧，咸鲜清淡的先上，甜味、浓味的后上，最后上主食。

一般中餐上菜的顺序为：

（1）冷盘—热菜—炒菜—大菜—汤菜—炒饭—面点—水果（北方）。

（2）汤菜—冷盘—海鲜—荤菜—小菜—面点—水果（南方）。

注意，当宴会上桌数很多时，各桌的同一道菜应同时上。上菜的方式大体分为三种：一是把大盘菜端上，由各人自取；二是服务人员托着菜盘逐一给每位客人分发；三是用碟子盛放，分给每人一份。

（四）席间礼仪要求

1. 就座礼仪

应邀出席宴请活动，客人应听从主人的安排。如果是参加宴会，客人在进入宴会厅之前，先了解自己的桌次座位，入座时注意桌上座位卡是否写着自己的名字，不可随意乱坐。如果邻座是年长者或女士，应主动协助他们先坐下。入座后坐姿要端正，不可用手托腮或将双臂放在桌上。坐下时脚应在本人座位下，不可随意伸出，以免影响别人。不可玩弄桌上的餐具，也不要用餐巾或面巾纸擦拭餐具，以免让别人以为餐具不干净。

2. 用餐礼仪

入席后，客人不要立即吃东西，而应待主人打过招呼，举杯示意开始时再开始用餐。

用餐的时候，不要吃得摇头晃脑，满脸油汗，汤汁横流，响声大作。这样做不但食态欠雅，而且还会破坏别人的食欲。

可以劝别人多用一些，或是品尝某道菜肴，但不要不由分说，擅自做主，主动为别人夹菜、添饭。这样做既不卫生，还会让人勉为其难。

取菜的时候，不要左顾右盼，翻来覆去，在公用的菜盘内挑挑拣拣，更不能夹起来又放回去。多人一桌用餐时，取菜要注意相互礼让，依次而行，适量取用。对于距离自己远的菜，可以请别人帮助，不要起身甚至离座去取。

用餐期间，不要敲敲打打，比比划划，要自觉做到不吸烟。用餐时，如果需要有清嗓子、擦鼻涕、吐痰等举动，应去洗手间解决。

用餐的时候，不要梳理头发、补妆、宽衣解带、脱鞋脱袜等，如有必要，可以去洗手间。

用餐的时候不要离开座位四处走动。如果有事要离开，也要先和旁边的人打招呼，可以说一声"失陪了""我有事先行一步"等。

3. 餐巾的使用

餐巾又被称为"口布",其目的是避免进食时弄脏衣服。此外,餐巾还可以用来擦手上、嘴上的油渍。当宴会开始的时候,主人拿起餐巾,表示准备进餐了,客人看到主人先拿起餐巾后,才能随后拿起。

用餐完毕要站起来时,应将腿上的餐巾拿起,随意叠好,再把餐巾放在餐桌的左侧,然后起身离座。餐巾用完后不用折叠得太过整齐,但也不能随便搓成一团。如果有主宾或长辈在座,一定要等他们拿起餐巾折叠时才能跟着行动。

4. 斟酒

酒水一般在饮用前才斟入酒杯,主人有时为了表示对客人的敬重与友好,会亲自为其斟酒。斟酒时需注意以下三点。

(1)要面面俱到,一视同仁,切勿有挑有拣,只为个别人斟酒。

(2)要注意顺序,可以按顺时针方向从自己所坐之处开始,也可以先为尊长、嘉宾斟酒,再为其他宾客斟酒。

(3)斟酒需适量,白酒和啤酒可以斟满,其他洋酒则不必斟满。

另外,在宴会中,除主人与服务人员外,其他客人一般不宜自行为别人斟酒。

在服务人员为自己斟酒时,客人要道谢,但不必起身,也不必拿起酒杯;但是,在主人为自己斟酒时,客人必须拿起酒杯致谢,必要时,还要起身站立或欠身点头。

5. 敬酒

敬酒也就是祝酒,是指在正式宴会上,由男主人向客人提议,提出为了某个事由而饮酒。在饮酒时,通常要讲一些祝愿、祝福类的话,在正式宴会上,主人和主宾还要发表一篇专门的祝酒词。祝酒词内容越短越好,不可长篇大论、让人久等。

敬酒可以随时在饮酒的过程中进行。

在他人敬酒时,其他在场者应停止用餐或饮酒,面向敬酒者并认真倾听。

6. 干杯

在饮酒时干杯,需要有人率先提议,可以是主人、主宾,也可以是其他客人。提议干杯时,应起身站立,右手端起酒杯,面带微笑,目视自己的祝酒对象,嘴里说着祝福的话。

有人提议干杯后,其他人要手拿酒杯起身站立。即使是滴酒不沾的人,也要拿起酒杯示意一下。将酒杯举到眼睛高度,说完"干杯"后,将酒一饮而尽或适量喝一些。然后,还要手拿酒杯与提议者对视一下,这个过程才算结束。

7. 拒酒技巧

假如因为某种原因不能饮酒,可以用下列符合礼仪的方式拒绝他人的劝酒。

(1)主动要一些非酒类的饮料,并说明自己不可饮酒的原因。

(2)让对方在自己面前的杯子里稍许斟一些酒,然后轻轻以手推开酒瓶。按照相关礼仪,此时杯子里的酒是可以不喝的。

(3)委托亲友、部下或晚辈代自己饮酒。

当别人向自己热情地敬酒时,不要东躲西藏,更不要把酒杯翻过来,或将他人所敬的酒悄悄倒在地上,甚至偷偷倒进别人的酒杯中。

总之，当我们和客人、长辈一起用餐时，要时刻注意席间礼仪，处处使对方感到轻松、愉快、和谐。

二、西餐礼仪

随着中西方文化交流的深入，人们的生活方式也发生了一定的变化。在组织涉外活动的过程中，有时也要用西餐来招待客人。所以，掌握一些西餐方面的礼仪知识十分重要。

(一) 桌次和席位的排列

西餐的位置排列与中餐有相当大的区别，如中餐一般使用圆桌，而西餐一般使用方桌。

1. 桌次的排列

西餐桌次的排列与中餐桌次的排列原则一样，以主桌为首位，但是西餐桌设置的方法可以视用餐人数的多少和场地大小而定，有时还会拼成各种图案，如长条形、T 形、门字形、E 形等。

2. 座次的安排

西餐的座次排列次序是右高左低，男女交叉安排，以女主人的席位为基准。

使用长桌时有两种安排座次的方式：一种是主人坐在桌子的两边，女主人的右手边是男主宾，左边是男次宾，男主人的右边是女主宾，左边是女次宾，依次排列，距离主人越远的人年龄辈分越低；另一种是男女主人坐在桌子的中间，女主人的右边是男主宾，左边是男次宾，男主人的右边是女主宾，左边是女次宾，夫妻是交叉坐的。

使用方桌时，女主人的右边是男主宾，男主人的右边是女主宾。现在还流行厨师现场工作，表演特定的技巧，所以要把最佳的观赏位置留给男女主宾来坐，男女主宾坐在中间，男主宾的左边是女主人，女主宾的右边是男主人。

(二) 西餐餐具的使用礼仪

1. 餐具的种类

西餐餐具分为刀、叉、勺、盘、杯等。刀分为食用刀、鱼刀、肉刀、奶油刀、水果刀；叉分为食用叉、鱼叉、龙虾叉；匙有汤勺、茶勺等。杯的种类更多，茶杯、咖啡杯多为瓷器，并配有小碟；水杯、酒杯多为玻璃制品，不同种类的酒使用不同的酒杯，宴会上准备了几种酒，就搭配几种酒杯。

2. 餐具的摆放

垫盘放在餐席的正中心，盘上放折叠整齐的餐巾或餐巾纸（也有把餐巾或餐巾纸折成花状摆放在玻璃杯内的）。两侧的刀、叉、勺排成整齐的平行线，如果有席位卡，则应将其放在垫盘的前方。右手位放刀，刀刃朝向垫盘，左手位放叉，叉齿朝上。食盘上方放勺，前方放酒杯。餐巾插在水杯内或摆在食盘上。面包奶油放在左上方。吃正餐时，刀叉数目应与上菜道数相等，并按上菜顺序由外向里排列，刀口向内。

3. 餐具的使用

西餐桌上的餐具很多，吃每样食物都要用特定的餐具，不能替代或混用。其基本原则是右手持刀或汤勺，左手拿叉。刀叉的拿法是轻握尾端，将食指按在柄上。汤匙则用握笔的方式拿即可。如果感觉不方便，可以换右手拿叉，但不宜频繁更换。另外，边说话边挥舞刀叉也是失礼之举。

（1）刀。宴席上最正确的拿刀姿势是：手握住刀柄，拇指按着柄侧，食指压在柄背上，不要把食指伸到刀背上。另外，不要伸直小指来拿刀，这是错误的想法。

刀是用来切割食物的，不能用刀挑起食物往嘴里送。记住，要用右手拿刀！如果用餐时出现三种不同规格的刀，通常带小锯齿的那把用来切肉制品；中等大小的用来将大片蔬菜切成小片的；而那种刀尖是圆头的、顶部有些上翘的小刀，则是用来切开小面包的。

（2）叉。叉的拿法有背侧朝上及内侧朝上两种，要视情况而定。背侧朝上的拿法和拿刀一样，用食指压住柄背，其余四指握柄，食指尖端大致放在柄的根部。叉内侧朝上时，则如铅笔拿法，以拇指、食指按柄上，其余三指支撑在柄下方；大拇指和食指要按在柄中央。

（3）勺。小勺用于吃甜点心；扁平勺用于涂黄油和蛋糕；较大的勺用来喝汤；最大的勺用于分食汤水。

（三）西餐菜序的安排

西餐有正餐和便餐之分，两者之间存在很大差异。

1. 正餐的菜序

西餐正餐的菜序很复杂，一般由8道菜肴组成，吃完一顿内容完整的正餐耗时通常为1～2小时。

（1）开胃菜。开胃菜又称为西餐的头盘。有时它不被列入正式的菜序，而仅作为正餐的"前奏曲"。一般情况下，开胃菜是由蔬菜、水果、肉食等组成的拼盘，色泽美观，容易引起人们的食欲。

（2）面包。西餐正餐中的面包种类以切片面包为主，个人可以根据自己的口味在面包上涂抹果酱、黄油等。

（3）汤。汤是西餐的"开路先锋"，其口感浓郁，具有较好的开胃作用。西餐中常见的汤有白汤、红汤、清汤等。

（4）主菜。作为西餐的"主旋律"，西餐的主菜分为冷菜和热菜。在比较正规的西餐中，一般上一道冷菜，包括各类泥子、冻子；热菜则一般有两道，一道为鱼菜；另一道为肉菜。肉菜可谓重中之重，标志着本餐的档次与水平。

（5）点心。点心在主菜之后上，包括蛋糕、饼干、馅饼、三明治等。

（6）甜品。吃完点心，接着上甜品。常见的甜品有布丁、冰激凌等。

（7）果品。甜品之后上果品，果品有干、鲜果之分。常用的干果包括核桃、腰果、开心果等，常用的鲜果包括草莓、菠萝、苹果、橙子、葡萄等。

（8）热饮。西餐通常最后上热饮。比较正规的热饮是红茶或黑咖啡。

2. 便餐的菜序

一般来说，接待人员接触西餐便餐的机会相对多一些，因此要了解便餐的菜序。

西餐便餐菜序从简，但每一道菜都是有代表性的，一般由五道菜肴组成：开胃菜、汤、主菜、甜品、咖啡。

（四）西餐席间礼仪

参加西餐宴会时，除了应该遵循中餐宴会中的基本礼仪外，还应掌握以下九个方面的进餐礼仪。

（1）进餐时，除了用刀、叉、勺取放食物外，有时也可以用手取，如吃鸡、龙虾时可以用手撕着吃；吃饼干、薯片或颗粒状水果时，也可以用手取食。取面包时用左手拿取，用右手撕开，再把黄油涂上去，一小片一小片地撕着吃，不能用嘴咬着吃，也不能蘸汤吃。

（2）用手取食物前，服务人员有时会送上一小杯水，水上漂着玫瑰花瓣或柠檬片。这是专供洗手用的。洗手时，两手轮流沾湿指头，然后用餐巾或小毛巾擦干。

（3）喝汤时，必须用汤勺舀着喝，不要发出响声，也不可喝得太快。如汤过热，可待稍凉后再喝，不要用嘴吹。汤盘中的汤快喝完时，用左手将汤盘的外侧稍稍翘起，用汤勺舀净即可。喝完汤后，将汤勺留在汤盘（碗）中，使勺把指向自己。

（4）吃鱼或肉时，要特别小心，千万不可用叉将其整个叉起来送到嘴边去咬。吃带刺或骨的菜肴时，不要直接吐出，可用餐巾捂嘴轻轻吐在叉上放入盘内。吃鸡腿时应先用力将骨去掉。吃鱼时不要将鱼翻身，吃完上层后用刀叉将鱼骨剔掉再吃下层。吃肉时，要切一块吃一块，块不能切得过大，也不能一次将肉都切成块。

（5）喝咖啡时，在添加完牛奶或糖后，要用小勺搅拌均匀，然后将小勺放在咖啡的垫碟上。喝时应右手拿杯把，左手端垫碟，直接用嘴喝，不要用小勺舀着喝。

（6）吃水果时用水果刀，不可以直接用手拿着吃。吃苹果、梨等带核、体积稍大的水果时，应先用刀将其切成 $4\sim8$ 块，去掉皮、核后，再用叉取食。吃葡萄时，不可整串拿着吃，应当用手一颗一颗揪着吃。

（7）吃西餐时还要注意坐姿端正，手肘不要放在桌面上，不要跷腿。不要随意摆弄餐台上摆好的餐具。女主人拿起餐巾时（若没有女主人就看男主人），表示可以开始用餐了，这时应把餐巾铺在双腿上，如果餐巾很大，就对折后放在腿上，盖住膝盖以上的部分。

（8）不要在餐桌前化妆，也不要用餐巾擦鼻涕。每次送到嘴里的食物不要太多，咀嚼时不要说话。不应在进餐中途退席，若确实需要离开，要向左右的客人小声打招呼。

（9）饮酒时，不要把酒杯斟得太满，也不要劝别人喝酒（这些都不同于中餐）。当别人为你斟酒时，如果不需要，可以简单地说一声"不，谢谢！"

案例分析

贵州青酒集团有限责任公司的前身是成立于 1955 年的"贵州青溪酒厂"，2000 年改制成为民营企业。该公司位于中国历史文化名城镇远青溪镇，早期产品有"青溪大曲"等，1986 年被评为贵州名酒。1997 年，"青酒"系列产品问世，凭借"喝杯青酒，交个朋友"的经典广告语，结合全新的经营理念，把贵州青酒推上了新高度。该公司是一家以白酒酿造为主营业务，兼肉牛养殖、生物技术、房地产、旅游景区、宾馆娱乐、商业贸易等产业为一体的大型实业集团公司。

"青酒"面世以来，深受广大消费者的喜爱，是中国消费者协会、贵州省酒类专卖管理局的重点推荐产品。在 1997 年贵州"5·28"招商引资暨龙洞堡机场通航庆典活动上，"青酒"被贵州省委、省政府指定为接待专用酒；1998 年，"青酒"被评为贵州省名牌产品和贵州著名商标；1999 年，该公司被评为全国少数民族团结进步表彰先进单位，荣获中华酒文化研究会"中国酒业21世纪三星"金奖。

该公司一路高歌猛进，凭借青酒溶洞窖藏这一独特的生产工艺，开创了贵州白酒洞藏工艺的先河，走在了中国白酒行业的前列。该公司为加快洞藏技术的研究和发展，还投资建成了全国最大的洞藏基地。

建设绿色青酒是该公司一直以来坚持科学发展的理念，与浙江大学、贵州大学合作，充分利用酒糟再发酵技术将其加工成高蛋白饲料喂养牛、猪、羊等，每年新增产值达几千万元。

问题：如果你是该公司的相关负责人，请分析处理下列情况。

（1）公司要在河南信阳开拓市场，为了帮助代理商迅速打开销路，准备在信阳市总经销门店开业之际举办一场美酒品鉴活动。请问应该采用哪种宴请形式？为什么？

（2）公司各部门协同作战，使酒的年产销量增长了40%。新年到了，公司准备给各部门负责人举办一次庆祝宴会，应该采用哪种宴请形式？

（3）多年来，员工为公司的发展做出了极大的贡献，其中也包含了员工家属的支持。为了向员工家属表示感谢，也为了增强广大员工的归属感，公司决定在元宵节当天举办一次聚餐活动让员工带家属参加，应该采用哪种宴请形式？

（4）公司原来的广告模式已经不能体现目前的产品概念和经营理念，也不适应当前的消费市场，广告部选定了北京的某家企业形象设计公司为公司重新设计和制作广告。星期五，企业形象设计公司的负责人抵达贵阳，总经理准备请对方吃饭，请问应该采用哪种宴请形式？

第五章 商务旅行安排

 学习目标

学习目标1：掌握商务旅行安排技巧及方法。
学习目标2：了解出国商务旅行的各项礼节。
学习目标3：熟练掌握秘书人员在商务旅行结束后应负责的各项工作。

案例导入

体面商旅八大方案，出差从此不再手足无措

商务旅行不同于一般旅行，应该注意哪些细节呢？

Q：我怎样才能节省旅行时间？

A：可以提前预订机位或选择优先登机，从而避免排队。如果你经常乘飞机，可以考虑办理机场的贵宾候机楼会员，这样就能享用免费茶点或无线上网等福利（最好只选择一家，你甚至可以累积里程换取更好的服务）。为了避免旅途上的麻烦，建议你事先规划最适合的路线，或预订机场到酒店的接送服务。

Q：选择商务酒店时，应该注意什么？

A：选择一家位置便利的商务酒店可以保证你准时出席会议。预订前应先留意酒店的设施，如有24小时商务中心和多功能会议室。

Q：我应该在手提行李箱中放些什么？

A：为了保险起见，你应在轻便的随身行李中放置所有必需品，包括衣物、笔记本电脑、文件袋和药品。

Q：我如何才能够顺利工作？

A：出门前，仔细检查你的手机是否充满电，并携带笔记本电脑专用的充电线与备用电池。

Q：如何打理我的行李箱？

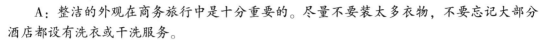
A：整洁的外观在商务旅行中是十分重要的。尽量不要装太多衣物，不要忘记大部分酒店都设有洗衣或干洗服务。

Q：如何管理我的文档和开支？

A：你需要一个活页夹，放好你的护照、机票、名片和收据。虽然公司通常会支付所有与业务相关的费用，但可能你要先垫付，应把各种收据集中保管，这样回去时就可以轻松、快速地报销了。

Q：我该如何解决时差问题？

A：长途飞行时应喝大量的水，并按摩腿与脚，从而防止形成静脉血栓。在飞机上放松一下，不要埋头工作，这样能让你在抵达目的地时精神充足，立即进入工作状态。

Q：我是否只能工作而不能玩乐？

A：每天给自己留出 1~2 小时休闲时光，可以缓解工作压力，使人心情愉快。

第一节　国内商务旅行的准备工作

秘书只有了解上司进行商务旅行目的，才能有针对性地做好准备。

一、需要了解的情况

当秘书得知近期上司要进行商务旅行后，要了解下述内容。

1. 商务旅行的目的

秘书要了解清楚，上司进行商务旅行的目的是参加行业会议还是与某公司洽谈业务，或是其他商业活动。因为不同会议需要的资料也不一样，这还会影响服装的选择。

2. 地点

每次商务旅行可能要去几个城市，在一座城市也会去不同的地方活动，特别是商务考察。

秘书要根据地点预订火车票、飞机票，还要根据当地气候建议上司带合适的衣物，还应向上司介绍当地的习俗，以免他在无意之中冒犯别人。

3. 时间

启程时间、路途所用时间、抵达时间、返程时间、各项活动开始时间等都要在日程表中写清楚。如果上司最近身体欠佳，秘书在时间安排上就不要安排得太满。

4. 人员安排

明确参加会议的主要人员、商务考察时的主要接待人员、外出活动的主陪人员等的安排。商务活动一般讲究接待规格对等，接待规格与参会人员身份相当。因为规格过高或过低都会影响工作的开展。住宿、餐饮的安排都得有明确交代。

二、应该做的准备工作

1. 选择、预订交通工具

根据上司的要求和工作的需要选择交通工具，可以在网上预订。

（1）预订火车票。要选好目的地、日期、车次（或自己希望的时间）、座位档次（软卧、硬卧、硬座）。

（2）预订飞机票。现在的机票已变为电子机票，通过网上预订，方便快捷又节约纸张，有利于环保。但是为了保险起见，一定要在各航空公司售票平台上或经航空公司授权的正规票务代理处订票，不要在一些不可靠的票务代理那里预订，他们可能给出很好的折扣，但是经常会出现问题。在订机票时一定要填对目的地、出发日期、航班时间、人名、机票等级等。

（3）索要报销单据。由于因公出差的机票是需要报销的，要向售票者索要报销单据。

（4）明确接送工具。除了机票、车票以外，还要明确接送站的交通工具。要根据出访人员的身份、人数以及本公司的规定提前与负责派车的部门预约。

2. 预订酒店

给上司预订什么等级的酒店，既要根据公司的规定，也要照顾上司的习惯。

（1）预订途径。可以通过各种旅游网站预订。

（2）预订方法。在旅游网站上正确填写相关入住信息（包括姓名、性别、联系方式、入住时间、离店时间）并选择房间类型。

3. 预支差旅费

有些公司采取差旅费预支制度，秘书事先要写申请才能预支差旅费。到经济发达的大城市时，可以少带现金，用信用卡支付更安全、方便。差旅费一定要准备充足。

4. 准备资料和行装

对于需要携带的资料和用品，可以按类列出，让上司过目，并检查有无遗漏。

（1）根据商务活动内容选择所需资料、文件。秘书一般需准备的资料、文件类有演讲稿、谈判提纲、合同草本、意向书草本、备忘录、报价资料、工程图表、公司宣传资料、对方公司的背景资料、领导层人事资料等。

（2）办公用品。笔记本电脑、空白的和装有资料的 U 盘、几支笔、笔记本。

（3）旅行资料。介绍信、请柬、通知、日程表。

（4）个人用品，包括机票（火车票、船票）、身份证、工作证、手机、手机充电器、照相机或摄像机、信用卡、现金、换洗衣物、洗漱用品、常用药品。

5. 制订商务旅行计划和日程表

（1）商务旅行计划。商务旅行计划要比日程安排更全面，涉及的内容更多。秘书应把计划复制四份，两份给上司及其家属，另一份存档，最后一份留给自己。

（2）日程表。日程表不是出访者一方就能制订的，实际操作过程一般是双方先商议出访的时间、会谈的主要内容、考察的重点对象等事宜，然后由接待一方拟定日程表，发给出访一方，看是否需要增减，经过出访方的认可，日程表才正式定下来。出访方秘书可据此制订自己的日程表，并添加一些更具体的内容。例如，负责整理上司出差所用的资料，并把它们放入上司的公文包中，在日程表中注明资料放置位置。

第二节　出国商务旅行的准备工作

随着我国市场经济的发展，对外交往越来越频繁，公司相关人员出国进行商务洽谈、考察等活动已成为寻常之事。因此，秘书应该熟悉并能安排上司出国商务旅行的各项事务，以适应工作需要。

一、出国手续

当秘书得知上司要出国进行商务旅行时，除了解基本情况并做与国内商务旅行一样的准备之外，还要进行的准备工作有办理护照、签证，订购机票，办理保险。

1. 办理护照

护照是一个国家的公民出入本国国境和在外旅游或居留时，由本国发给的，证明该公民身份的合法证件。凡出国人员均应持有本国政府颁发的护照。如果持照人在国外发生意外，所在国必须依照其所持护照判明其身份和国籍，才能决定如何处理。同样，护照颁发国的驻外机构也要根据护照来决定怎样对其提供帮助或外交保护。

在得知上司要出国商务旅行后，秘书首先要抓紧时间为他办理商务护照。

（1）撰写出国申请。出国申请由以下内容组成：出国事由、出访国名称、出访公司名称、日程安排、出国组团人数等。申请后要附上出国人员名单和所去国有关公司的邀请函（副本）。申请须送上级主管部门批准。

（2）办理护照手续。持上级主管部门的出国任务批件、出国人员政审批件、所去国有关公司的邀请函以及两寸正面证件照片办理护照。因公出国人员办理护照到外交部或其授权单位办理，因私出国护照由公安部授权机关办理。

拿到护照后，要认真检查姓名、出生年月、性别、身份等内容。

2. 办理签证

要由出国人员本人亲自持护照、所去国有关公司的邀请函和其他申请签证的材料，到所去国驻我国大使馆或领事馆申办签证或委托可靠的签证代办机构代办。

一般签证做在护照上或其他身份证件上。例如，前往与我国未建交的国家，则需要办理单独的签证，称为另纸签证，与护照同时使用。

领到签证后，要注意查看有效期，一定要在有效期内入境。

3. 办理"国际预防接种证书"

因为该证书封皮是黄色的，所以俗称"黄皮书"。它是世界卫生组织为了保障出入国境人员的身体健康、避免流行病的传播而采取的卫生检疫措施。如果出入境者没带黄皮书，海关卫生检疫人员有权拒绝其出入境。在办理完护照、签证以后，出国人员应持单位介绍信到所在地的卫生检疫部门进行检疫和预防接种，接种的疫苗根据所去国家的不同、疫情的变化而有所不同。

在检疫和接种后，便可领取黄皮书。领到黄皮书后要认真检查，注意核对姓名等内容是否与护照一致，检疫机关盖的章、医生的签字是否清晰，接种过的疫苗是否已经记录在案。

4. 办理出境登记卡

在办理完上述手续后，出国人员需携带护照、签证、户口本、身份证等证件到相关部门办理临时的出国登记手续。

5. 订购机票

可在各航空公司官网或各旅游网站订购机票。

拿到机票后，一定要认真检查机票上的内容，核对姓名的拼音是否与护照上的一致；是否注明了每个航班的乘机联和起落时间，以及机场名称；座位栏内是否填好。

6. 办理保险

在保险公司办理出国人员有关保险，以便在发生意外事故、疾病、行李丢失等问题时，把损失降至最低。

二、出入境手续

1. 边防检查

出入境者要填写出入境登记卡片，卡片的内容有姓名、性别、国籍、护照种类和编号、有效期限等，同时，还要交验护照和签证。

2. 海关检查

海关有权检查出入境者的行李，但并非对所有旅客的行李都一一检查。有的国家要求入境者填写携带物品申报单。各国对出入境物品的管理标准不一样，一般会对烟、酒等物品限额放行。有的国家还要求填写外币申报单。

3. 安全检查

旅客绝不可以携带武器、凶器、爆炸物、剧毒品等登机。安全检查的方式有：过安检门、探测器近身检查、检查随身携带的手提包等物品，甚至脱鞋检查等。安全检查的目的是保证所有乘客的安全，所以尽管会占用一些时间，但还是必要的。

4. 检疫

检疫就是交验黄皮书。有些国家有时会对未进行必要接种的旅客采取强制隔离、强制接种等措施。

三、其他准备

其他准备与在国内商务旅行的准备内容基本相同，但需要特别注意下述五点。

1. 兑换外币

要根据国家规定的数额兑换外币。如果能换一些零钱更好，因为到达目的地后有零钱会比较方便，比如在街上打电话、去洗手间、乘坐公共汽车或地铁等。

2. 了解所到国的背景资料

要对所到国的文化、风俗、礼仪、基本国情有所了解，使我们在国际交往中既不失尊

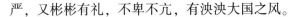

严，又彬彬有礼，不卑不亢，有泱泱大国之风。

3. 准备资料

对于存在手提电脑里的有关资料，一定要备份；对其中的机密文件、资料，还需要加密；与此次公务无关的绝不要带出，以免泄露商业机密。

4. 准备行装

秘书要针对不同的商务活动确定并建议上司及其他出访人员应带的服装。

乘飞机可以免费托运 20 千克的行李，头等舱可以托运 30 千克。有的国家的航空公司可托运 30 千克或更多。超出规定的部分要交超重费。贵重物品（钱、信用卡、支票、各种证件、贵重首饰、数码相机等）一定不要放在托运的行李里。要在行李箱上面贴上中外文姓名、目的地。同一个团的行李最好有统一明显的标识。

手提包中不可携带指甲刀、水果刀等物品，一定要放入托运行李中；否则，在安检的时候就会被没收。

5. 制订用品行装一览表

为了保证不落下重要物品，秘书应该把应带的物品分类，然后列表打印出来，发给出国人员每人一份，自己也留一份。

第三节　出国商务旅行的礼节

与在国内旅行一样，到什么地方都要了解当地的习俗，尊重当地人的习惯。

一、乘飞机的礼节

1. 候机时的礼节

不要和同伴大声谈笑。当座椅不够用时，不要让自己的行李占据座位。要把食品残余物、各种包装袋放进垃圾筒里。

2. 在飞机上的礼节

（1）上下飞机时，应当向站立在机舱门口的空中小姐微笑致意。

（2）进入机舱后，要对号入座。如果几个同事分开坐，不要隔着别人说话或者在别人头顶上递东西，这些都是不礼貌的行为。

（3）飞机起飞前，要关上手机、笔记本电脑等明文规定的不准在飞机上使用的物品。

（4）随身携带的物品可以放在自己座位上方的行李架上，较重的包可以放在自己的座位下方。

（5）要系好安全带。当飞机遇到不稳定的气流或其他状况时，头顶的安全带指示灯会亮起，为了自身的安全，你要听从它的指示。

（6）感到闷热时，可以打开头顶上的通风阀。如果觉得空调太凉，可以向服务员要一条毛毯。若有什么特别的要求，也可以按椅子扶手上的一个按钮呼叫服务员。但是在服务员给大家送饮料、食物时，就先不要叫了。

（7）如果坐在禁止吸烟区，就绝不能吸烟，也不能到卫生间吸烟。

（8）使用卫生间时，要尽量快一些。用完马桶和洗手池后，一定要把它们冲洗干净。洗完手、脸后，要把水池擦干净。

（9）飞机上提供的食物是免费的，但餐具不要带走。

（10）可以和邻座的陌生人交谈。但是如果对方比较冷漠，则表示不想交谈，就不要勉强。如果你不想和别人交谈，也可以采取同样的办法。在飞机上谈论的话题要轻松，千万不要谈劫机、爆炸之类令人不安的、忌讳的话题。

（11）不要大声谈笑。当大家都在休息时（午饭后和晚上），千万不要聊天，要保持安静。

（12）除了卫生间的门（上面有明显标识），不要动其他的门，特别是安全门。在没有发生了紧急的情况下，不要动座位下的救生衣。

二、入住酒店的礼节

1. 接待来访的客人

在酒店接待来访的客人，最好的地方是在大厅或咖啡厅。住宿的房间被认为是私人空间，外国人不习惯在此接待客人，尤其是异性客人。同样，他们也不会到客人的房间里拜访。约他们在宾馆见面，最好在大厅等候。

2. 住宿礼节

在酒店住宿，如果请行李员帮忙搬运行李，就要付给他小费；如果把房间弄得太乱，也应该给替你收拾房间的服务员小费，放在桌上即可。如果你不想给别人小费，就不要把零钱到处乱放。

在楼道里遇到其他客人，应该友善地致意点头、但仅此而已。不要在房间里喧哗、打闹，不要把电视的声音开得过大。很多酒店不允许同性、非家人住在一个房间内。但是有些专门接待中国旅行团的酒店则没有这个规矩。不要太晚熄灯，以免影响同屋的人。

内衣、内裤洗后只能晾在卫生间里，不能挂在屋子里或凉台上。不能穿着睡衣走出房间，也不可穿着睡衣在房间里接待客人。酒店通常会提供免费早餐，多是自助餐式的，可以随意取食，但是不要带走。

3. 正确使用设备

国外的许多酒店不提供盥洗用品，如香皂、牙膏、洗发液等，这些都要自备。

酒店的卫生间地面多数没有下水道，洗澡时务必把浴帘拉上，而且下摆要垂在浴缸中，只有这样，洗澡水才不会流到外面，甚至把房间里的地毯泡湿。出浴时，可以把浴室里的大浴巾铺在地上，这样地面就可以保持干燥了。

冰箱里的小食品、饮料费用都很高，费用表一般就放在冰箱上或桌子上，最好看明白再决定是否动用。出门带好钥匙，千万不要弄丢，宾馆视丢钥匙为严重的问题。不要随便动用不知道干什么的设备，应先向服务员问清其功能再使用。

4. 注意事项

一定不要把钱和其他贵重物品放在行李箱内，即使上密码锁也不行；也不要把大量现

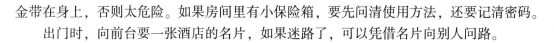

金带在身上，否则太危险。如果房间里有小保险箱，要先问清使用方法，还要记清密码。

出门时，向前台要一张酒店的名片，如果迷路了，可以凭借名片向别人问路。

三、公共场合的礼节

1. 与他人保持适当距离

在人口较少的国家，在公共场所，人与人之间保持的距离为 3 米。需要排队时，也常保持 1 米以上的距离。如果离得过近，人们会觉得被侵犯了个人空间，会感觉很不舒服且不高兴。

2. 在公共场合要保持安静

在博物馆、图书馆、教堂、剧场等处要肃静。必要时，可以把手机设为静音模式。不要在观看演出时接打电话。

不在大街上大声说话、大笑或大声喊人。有急事可以快走，但不要猛跑。不边走边吃东西或吸烟，也不乱扔垃圾。不要随地吐痰，人们对随地吐痰深恶痛绝，有的国家会对随地吐痰者处以很高的罚款。

在拍照之前，看一看有无禁止照相的标识，有的博物馆禁止使用闪光灯。想把当地人摄入镜头时，要征求对方意见，同意后才可拍摄。

四、关于小费

中国人出国深感头痛的事情就是不知如何付小费，还有不少人对付小费非常反感。这是由中外习俗不同而造成的。在很多国家，从事服务行业的一些人的基本工资是很低的，小费被认为是他们正当收入中很重要的一部分，因为他们为你付出了劳动。出国后，我们要入乡随俗，最好事先找人了解一下当地付小费标准，换一些零钱放在身边，免得到时掏不出钱来很尴尬。

第四节　商务旅行结束后秘书的工作

商务旅行结束后，秘书的主要工作是要将此次商务旅行的结果进行总结，并对相关事宜进行善后处理。

一、做好信息沟通工作

无论是否随同上司一起出差，待上司返回后，秘书都要把上司出差期间公司发生的事情及处理结果依照事情的轻重缓急，简明扼要地向上司汇报。同时，秘书还应该向有关部门通报上司返回的消息。

二、迎接上司归来

在临近上司返程的时候，秘书必须提前做好迎接工作，如安排车辆到机场或火车站接人。如果上司的行李比较多，则要考虑小型汽车是否装得下。如果装不下，就应该换一辆厢式货车并配以适当的人手。

在上司回来之前，秘书还需要把上司出差这段时间里公司的工作进行简单的总结，写成文书资料并放在上司的办公桌上。

三、做好差旅活动后续工作

上司出差回来之后，秘书应该帮助上司处理一些后续工作，如整理资料、报销差旅费、寄感谢函等。这些工作虽然琐碎，但是不可缺少，秘书主动分担了，上司才能全身心投入重要工作。

秘书要处理的后续工作一般包括以下几种。

（1）简要地向上司汇报出差期间的公司概况。

（2）将需要处理的事务立即交给上司。

（3）将上司带回来的资料、文件等整理并归类。

（4）请示上司是否需要召开业务汇报会，如果需要，则进行相关的会议准备。

（5）整理上司出差期间的收据，列出差旅费明细，交给财务部门报销。

（6）向接待上司的人员寄上感谢函。

四、做好财务报销与结算工作

商务旅行结束后，秘书应该根据公司财务部门的相关规定，配合财务部门报销上司在商务旅行过程中产生的相关费用。

五、总结经验

秘书人员在商务旅行结束后，要及时总结经验教训，为下次商务旅行提供参考。

案例分析

某公司简一凡总经理带领两名属下王克、李新去欧洲进行商务考察。秘书通过一家旅行社预订了机票和酒店。到了巴黎后，简总经理发现酒店位于郊区，虽然号称是四星级的，实际上设施很陈旧。第二天，他们约客户到酒店见面。酒店的大堂里总是有不少客人坐在那里，简总担心在这样的环境中与客户见面不合适，于是决定让客户到自己房间里去。可是客户听说请他们到房间里去时，有些犹豫。王克赶快向简总建议，酒店大厅旁边有一个咖啡厅，很安静，可以到那里去。简总征求对方的意见，他们欣然同意。晚上，李新在洗澡的时候，没有把浴帘拉上，结果流了满地水，把房间里的地毯泡湿了一块。第二天，酒店服务员在收拾房间时发现了这个问题，报告了经理。经理根据地毯的破损程度，决定让他们赔偿100欧元，否则不可以结账离开。李新觉得很冤枉，谁知道四星级酒店连下水道都没有！他们无奈地交了罚款。回国后，简总经理批评秘书不该订这样的酒店。

问题：1. 在以上案例中，秘书是否有做得不对的地方？

2. 为上司去巴黎进行贸易谈判的商务旅行制订旅行计划表和日程表。

3. 如果你是秘书，上司出差了，面对以下情况，你会怎么处理？请阐述理由。

（1）一位老客户打电话来问候上司，这时你会怎么做？

①告诉他上司出差了，自己会转告他的问候，并感谢他的来电。

②告诉老客户上司的手机号码，让他再给上司打电话。

（2）公司的某笔业务出了比较大的差错，这时候你会怎么做？

①等上司回来之后处理。

②立即联系上司，请示他接下来应该怎么做。

第六章 商务会展

🎯 学习目标

学习目标1：了解商务会展的基本概念及功能。
学习目标2：熟悉商务会展的工作流程，学会制作商务会展策划方案。

📦 案例导入

上海世博会江苏馆展示设计方案征集公告

由我国政府主办、上海市承办、世界各国和中国各省（区、市）参与的中国20××年上海世博会将于20××年5月1日至10月31日在上海举行。此次世博会上，除中国国家馆外，还将设立各省（区、市）馆。目前，江苏省展示馆的参展主题已确定，为更好地展示江苏特色，20××年上海世博会江苏省参展工作领导小组办公室（以下简称"省世博办"）向社会公开征集江苏馆展示设计方案。

一、征集项目名称

20××年上海世博会江苏馆展示设计方案。

二、征集目的

充分展现江苏省的特色和风貌，包括江苏的过去、现在和未来，运用各种方式诠释江苏馆的主题"花好月圆"。

三、征集项目性质描述

本项目为江苏省展示馆，展馆面积为600平方米。

四、征集单位资格条件

在中国或其他国家和地区依法设立并有效存续的文化创意、公关广告、展示设计、规划建设、新闻传媒、高等院校、研究机构等企事业单位，具有为大型主题展览活动进行展示设计的业绩和能力的个人均可提出资格预审申请，但只有资格预审合格的申请者才能参加方案应征。

五、应征申请报学时间、地点和报名方式

六、资格预审

（一）应征申请人提交的资格预审资料组成和要求

（1）应征申请人基本情况说明和介绍（包括应征申请人简介、有效的工商营业执照复印件、相关的资质证书复印件）。

（2）应征申请人在过去5年中从事或联合其他企业从事大型主题展示设计的业绩材料（如设计合同、设计图纸、布展合同等复印件）。

（3）从事本项目的主要专业人员名单、资质及从业经历。

（4）以联合团队形式应征的，必须同时提交有关共同应征协议、合作意向书等的复印件。

资格预审文件包括A4格式的纸质材料一式三份，电子文件一份。所有纸质文件应加盖应征申请人公章。提交资料时应携带营业执照、资质证书、合同、共同应征协议、合作意向书等原件供查验。

（二）提交资格预审资料的时间和地点

七、注意事项

（1）省世博办将对递交资格预审资料的单位进行资格审查，并将向资格预审合格的单位提供项目任务书（包括江苏馆主题演绎、建筑边界、展示设计要求等相关资料）及组织其他相关培训事宜。应征人于20××年2月15日前提交展示设计方案。本次方案征集的评审工作将由评审委员会负责，当应征方案超过20份（含）时，展示设计方案排名前10位的应征人获得入围奖励并且有资格参与下一步布展实施投标；当应征方案不足20份时，展示设计方案排名在应征单位数（如为奇数，计算时加1）的前1/2的应征人获得入围奖励并有资格参与下一步布展实施投标。

（2）应征人自行承担参加本次征集方案所产生的全部费用。展示设计方案入围奖励费用为：前3名由省世博办分别给予4万元的入围奖励同时颁发优秀设计证书，第4名~第10名由省世博办分别给予2万元的入围奖励，同时颁发优秀设计证书。展示设计方案被采用的单位不兼得入围奖励。

（3）应征人应当按照本公告规定以及省世博办今后可能提出的要求进一步提交其他有关文件。

（4）应征人之间不得以恶意串通或其他不正当方式损害省世博办或其他应征人的利益。

（5）应征人应当保证其向省世博办提交的文件和其他信息真实完整。

（6）未经省世博办书面批准，应征人不得在任何时间、地点，以任何方式向第三人披露或使第三人合理地认为其与省世博办有事实上并不存在的关联。

（7）若应征人提交错误、不实或误导性信息或文件，或违反省世博办的规定，或违反本单位做出的保证、承诺或陈述，省世博办有权取消该单位的应征资格；给省世博办造成名誉或经济损失的相关单位应承担相应的法律责任。

（8）应征人提交的展示设计方案自提交之日起，知识产权归江苏省世博办所有。

八、声明

（1）本公告的任何内容均不应理解为省世博办欲与应征单位缔结任何协议的承诺。

（2）省世博办对应征人送达的应征方案及相关资料不予退还。

（3）未尽事宜由省世博办负责解释。

案例思考：

（1）了解20××年上海世博会的主题，分析江苏馆"花好月圆"主题的内涵。

（2）熟悉江苏省的情况，尤其是能代表江苏省特色的内容。

（3）了解会展策划方案的工作步骤和写作格式。

（4）掌握会展立项的程序。

（5）了解会展的预期效果。

第一节　会展概述

会展是会议、展览、大型活动等集体活动的简称。其概念的内涵是指在一定地域空间，许多人聚集在一起形成的、定期或不定期的、制度或非制度的传递和交流信息的群众性社会活动；其概念的外延包括各种类型的博览会、展览展销活动、大型会议、体育竞技运动会、文化活动、节庆活动等。

会议、展览会、博览会、交易会、展销会、展示会等是会展活动的基本形式，世界博览会是最典型的会展活动。

一、展览的起源

关于展览的起源，目前尚无统一、肯定的看法。看法比较集中的大致有"市集演变"说、"巫术礼仪与祭祀"说及"物物交换"说等。"市集演变"说认为，贸易性的展览无论在中国或外国，都由市集演变而来。欧洲是由城邦的传统市集发展演变而成的，这一演变发生在15世纪，莱比锡市集演变为莱比锡样品市集（即莱比锡博览会），是贸易性展览起源的代表。"巫术礼仪与祭祀"说认为，展览作为一种艺术形式，来源于原始人的万物有灵观念，原始人对自然神和祖宗神的崇拜祭祀活动是展览艺术的雏形和起源。"物物交换"说认为，展览的起源可以追溯到原始社会出现物物交换的初期，在物与物进行相互交换的初级方式中开始存在"摆"和"看"的形式，这一形式逐渐从物物交换扩大到精神和文化的领域。因此，展览是随着社会的经济、政治、文化的进步而产生发展的，是围绕着人们的物质和精神两方面的需要而存在并发展、完善的。

二、我国会展业发展概况

自改革开放以来，我国会展业在各城市发展迅速，形成了"环渤海、长三角、珠三角、东北、中西部"五个会展经济产业带。

（1）环渤海会展经济产业带。该产业带以北京为中心，以天津等城市为重点，这些地方的会展业发展早、规模大、数量多，专业化、国际化程度高，门类齐全，知名品牌展会集中，辐射广。

（2）长三角会展经济产业带。该产业带以上海为中心，以南京、杭州等城市为依托的会展产业带。该经济产业带的会展业起点高、政府支持力度大、规划布局合理、贸易色彩浓厚，受区位优势、产业结构影响大，发展潜力巨大。

（3）珠三角会展经济产业带。该产业带以广州为中心，以广交会为助推器，以深圳等为会展城市群，形成了国际化和现代化程度高、会展产业结构特色突出、会展地域及产业分布密集的会展经济产业带。

（4）东北会展经济产业带。该产业带以大连为中心，以沈阳、长春等城市为重点的会展经济带，依托东北工业基地的产业优势及东北亚的区位优势，形成了长春的汽博会、沈阳的制博会、大连的服装展等品牌展会。

（5）中西部会展经济产业带。该产业带以成都为中心，以郑州、重庆等城市为重点的会展经济带，通过不断发展，现已形成了成都的西部国际博览会、重庆的高交会、郑州的全国商品交易会等品牌展会。

随着经济的快速增长，会展业在我国的经济发展中所占的地位越来越重要。

会展业在蓬勃发展的同时，也存在一些问题，如市场化程度低、不正当竞争猖獗、品牌展会缺乏、诚信度不够等。针对这些问题，政府出台了相应的政策，提出了会展业发展的建议，如通过建立行业协会等来规范中国会展业的发展，取得了不错的成绩。

三、会展的功能

会展具有强大的经济功能，主要包括联系和交易功能、整合营销功能和调节供需功能。除了这些主要的功能外，会展还具有技术扩散、产业联动、促进经济一体化等功能。

（一）联系和交易功能

会展中孕育着巨大的商机，具有联系和交易功能。

1. 联系功能

会展的联系沟通作用非常明显：联系量大、联系面广、联系效果好。因此，会展可以向会展组织者、参展商、参观者提供彼此联系和交流的机会。会展通常只有短短的几天，但是就在这有限的时间里，参展商往往可以接触到整个行业里或市场上的大部分客户，很有可能比通过登门拜访等其他常规方式一年甚至几年所接触的客户还要多。会展参加者在专业展会上可以接触行业主管部门的领导、本领域的专家、现有客户、潜在客户、供应商、代理商、用户等与己相关的各种角色的人。其中不乏决策人物、关键人物，由此而形成的人际联系质量特别好。

2. 交易功能

贸易成交一般有若干环节：生产厂家向客户宣传产品，使客户产生兴趣并进行询问，从而了解产品，然后产生购买意向，与厂家洽谈，最后成交。这个过程通常比较长，但在展览会上，这一过程可以比较迅速地完成。在会展中，丰富的信息、知识的交流与传播使交易趋于轻松、直接、快捷、准确，消除了供求中的许多不确定因素，产生了高效低耗的经济功能，创造了经济均衡的巨大可能性。在展销会上，参展商为出售产品而参展，参观者为买而参观，均有备而来。参展商可以在有限的时间内最广泛地接触客户，可以在潜在客户表示出兴趣时就抓住机会开展推销、洽谈等工作，直至成交甚至当场收款；观众购买者可以在有限的空间里最广泛地了解产品。买卖双方可以完成介绍产品、了解产品、交流信息、建立联系、签约成交等买卖流通过程，在这个过程中，会展起到了沟通和交易的作用。

对于商品或科技成果的会展，不但能使供需双方充分了解对方的信息和需求，而且能通过实物观看，迅速促成供需双方签订商务合同。因此，会展市场孕育了无限商机。

（二）整合营销功能

会展作为企业有效的营销平台，为展示产品、搜集信息、洽谈贸易、交流技术、拓展市场提供了有利条件，起到了纽带的作用。会展在企业市场营销战略中的地位日益提高。在发达国家，会展营销已经成为很多企业的重要营销手段。

整合营销理论认为，在营销可控因素中，价格、渠道等营销变数可以被竞争者仿效或超越，而产品和品牌的价值难以替代，因为它们与消费者的认可度有关。整合营销的关键在于进行双向沟通，建立一对一的长久的关系营销，提高客户对品牌的忠诚度。会展具有整合营销功能，既可以促进企业与客户的交流，也可以增强客户对企业产品与品牌的认同度，促进企业产品的销售。

在会展中，生产商、批发商和分销商聚在一起，互相交流，甚至从某种程度上说，这就是一个信息市场。企业可以利用各种信息渠道宣传自己的产品，树立自己的品牌形象。企业可以直接与客户沟通，并及时得到反馈。企业可以搜集有关竞争者、新老客户的信息，了解最新产品动态和本行业的发展趋势，并以此作为今后决策的依据。

会展具备其他营销工具的相关属性。作为广告工具，会展媒体将信息有针对性地传送给特定客户；作为促销工具，会展能够刺激公众的消费和购买欲望；作为公共关系的手段，会展具有提升企业形象的功能。

（三）调节供需功能

信息市场是经济运行循环过程的轴心，会展信息市场反映了信息交换中供求之间的各种经济关系。会展连接了市场信息供应方、市场信息用户、市场信息资源应用等重要生产力要素，能促进各类市场资源得以优化配置，有效地刺激需求，使供需平衡。

1. 刺激需求

会展为企业展示新产品提供了平台，通过观看新产品或科技成果的展示，广大消费者也可以发现以前未曾接触过的消费品及其相关信息，从而促进消费结构的优化和重组，提高自己的消费水平。因此，会展可以更好地满足消费者的需要。

每年一届的"中国国际科技产业博览会"是国内外高新科技产品的"比武台"，各种最新高科技成果层出不穷，令人目不暇接，可以引导市民消费。

2. 调节供给

会展能为产品供给者提供展示产品性能的机会。在会展上，产品供给者可以比较不同产品的性能、价格等方面的差异，测算出市场供给方面的竞争态势，为企业做出市场供给决策提供依据。

四、会展项目的分类

（一）按会展项目的性质分类

按会展项目的性质，可将其分为贸易类会展项目和消费类会展项目。

（1）贸易类会展项目是指为产业及制造业、商业等行业举办的展览活动，参展商和参观者主体都是商人，参展商可以是行业内的制造商、贸易商、批发商、经销商、代理商等相关单位，参观者主要是经过筛选邀请来的采购商，而一般的观众被排除在外，因为展览的最终目的是达成交易。

（2）消费类会展项目是指为社会大众举办的展览活动，这类会展项目多具有地方性质，展出内容以消费品为主，通过大众媒体（如电视、电台、报刊、网络等）吸引观众（消费者）。观众需要购买门票入场，而这类项目非常重视观众的数量。

区分展览项目是贸易性质还是消费性质的主要标准是观众的组成，即观众是贸易商还是一般消费者，而不是以展品，即工业品或消费品来反映。

（二）按会展项目的内容分类

按会展项目的内容，可将其分为综合类会展项目和专业类会展项目。

（1）综合类会展项目是指包括全行业或数个行业的展览会，也被称作横向性展览会，如重工业展、轻工业展。

（2）专业类会展项目是指展示某一行业甚至某一项产品的展览会，如钟表展。

会展业的迅猛发展已经使其成为一个不可小觑的行业，在越来越成熟的市场经济环境下，如何监督、引导会展业的规范发展已成为会展业需要解决的重点问题。原来一贯的多头审批制管理已经不再适应会展业的发展需求，只有通过法规和行业标准进行间接调控和引导，才能保证其良性发展。

原国家经济贸易委员会于 2002 年 12 月批准了中华人民共和国商业部发布的《专业性展览会等级的划分及评定》SB/T 10358—2002，并于 2003 年 3 月 1 日起实施。目前，我国只有对专业性展览会的等级进行划分的标准。该标准中具体规定了专业性展览会等级评定条件。

从理论上讲，有两个以上国家参加的展览会都可以称作"国际展览会"。

五、参展注意事项

近年来，我国会展业进入快速发展的黄金时期，每年以 20%～30% 甚至更高的速度增长。然而会展经济繁荣的背后却存在许多问题，其中之一就是"骗展"即组展方虚假设展，骗取参展商的展位费。政府相关部门、办展机构、参展企业均应吸取教训，积极防范，从而使我国的会展业健康发展。

随着会展业的发展，骗展事件也不断被曝光，导致企业在选择展会时难以决断。为此，秘书和会展人员在选择展会时应对以下三方面格外留意。

（一）尽量选择不是首次举办的展会

骗展事件往往发生在首次举办的展会上。

事实上，很多骗展的主办方一开始的目的并不是骗。相关部门的专业人士曾在厦门针对骗展问题做过调查，他们在调查中发现，很多会展公司一开始还是想把展会做好的，但在项目运作过程中，由于展会的主题或会展公司的招商情况不好，无法达到原定的规模，不能收回成本，而前期已经投入了很多资金，主办方没有勇气承担损失，只好溜之大吉。这种情况在骗展事件中占绝大多数。

所以，尽量不要选择参加首次举办的展会。

（二）尽量选择知名度高的大型展会

会展业发展到今天，每个行业的展会中都有自己的"龙头老大"，如芝加哥工具展、米兰时装展、汉诺威工业博览会、广州全国出口商品交易会等。一般而言，展会的知名度越高，吸引的参展商和买家就越多，成交的可能性也就越大。如果参加的是一个新的展会，则要看主办者是谁，在行业中的号召力如何。名气大的展览会往往收费较高，为节省费用，参展企业可与别的企业合租展位，即使如此，展示效果也会强于参加那些不知名的小展会。

有些企业因贪图便宜，选择参加与题材类似的不知名展会，结果无功而返，这也使大量低档次展会得以生存。

国内会展业的发展现状为发展快，数量多，但大多数展览都不具备规模和品牌，具有行业领军作用的展会不多。业内一般把档次低的展会称为"野鸡展览"。"野鸡展会"之所以能存在，除了有主办方的原因外，低素质的参展商也难辞其咎。很多参展商参展的目的并不明确，只要收费低就参加，若收费高就不参加，并不具备参展的基本经验。

（三）选择适合自己企业的展会

选择展会应从以下四个方面来考虑。

（1）分析一下能否迎合公司的销售策略，增加产品销量。

（2）不同展会吸引到的参展商和买家是不同的，有的展会吸引的是全国各地的买家，而有的展会吸引的是当地买家，这会影响企业销售的针对性。在一个以科技为主的展会上，推出采用新技术的产品也许更合适一些，能突出其技术的先进性与高附加值。

（3）展会是否适合企业展出自己的产品。

（4）展出的时机是否合适，是否能与企业的销售计划配合起来。

总之，企业若要选择合适的展会，应该先成为一个好的参展者，掌握多方面的信息，加强对展会知识的学习。

第二节　会展策划

一、会展工作程序

（一）立项准备与可行性分析

1. 立项准备

（1）市场分析，包括对会展展览题材所在产业和市场情况的分析，对国家有关法律、政策的分析，对相关会展情况的分析，对会展举办地市场的分析等；对准备立项的会展题材的市场基础与存在的竞争风险进行重点分析。

（2）考虑会展的基本框架，包括会展的名称和举办的地点、办展机构的组成、展品范围、办展时间、办展频率、会展规模及其定位等。

（3）制订会展价格及初步预算，包括展位出租价格、会展开支及收入预算。

（4）制订各类计划，包括人员分工计划、招展计划、招商计划、宣传推广计划、进度计划、开幕和现场管理计划及其相关活动计划。

以上四点所形成的书面成果便是《会展立项策划书》。

2. 可行性分析

会展项目可行性分析的主要内容包括市场环境分析、会展项目生命力分析、会展执行方案分析、会展项目财务分析、风险预测、指出存在的问题、提出改进建议和努力方向。所形成的书面成果便是《会展项目可行性研究报告》。

（二）会展期间的组织协调工作

1. 布展期间的工作安排

（1）设立会展场地前台接待。

①负责给参展企业登记。

②根据参展报名情况落实参展证的派发情况并确认展品是否已经全部进入场地。

③给企业派发参展会展指南。

④进行一些相关企业的咨询活动，介绍会展场地的大体安排情况。

（2）设立酒店住宿接待处。

（3）在现场协调各项工作。

①负责监督现场施工情况。

②负责安排安全保卫工作。

③为参展企业协调现场租赁业务。

④根据企业报名表，安排场外的广告宣传（一般根据参展企业要求设立）。

（4）交通运输安排及搬运工作。

①展品的接收及装卸。

②安排展品的搬运工作。

2. 会展开幕式的组织工作

（1）确定邀请参加展览会开幕式的贵宾名单。

（2）确定邀请的记者名单。

（3）开幕式的场地（一般设在展厅大门的正前方，要求庄重大方，能营造合适的气氛）。

（4）主持人讲话内容的审定及嘉宾讲话内容的审定。

3. 会展期间的组织工作

（1）做好参观人数的统计、分类。

（2）发放会刊（每天定时发放，且根据参观对象的身份发放）。

（3）协调会展期间研讨会的组织安排，做好研讨会与展会的有机结合。

（4）树立良好的中间人形象，积极为企业牵线搭桥。

（5）统计会展期间的成交额。

（6）积极听取参会代表对展会的意见和建议。

（三）撤展

撤展工作主要包括以下四个方面。

（1）保持场内良好秩序，发出撤展通知。

（2）要求各参展商清理自己的展品并保管好。

（3）组织企业有序地离开场地。

（4）进行最后的清理。

（四）会展总结

会展总结是会展工作的延续，要求对整个会展工作及整体情况进行整体分析，以便今后更加顺利地开展会展工作。

二、会展策划方案

（一）会展策划方案的要求

会展策划方案是会展的"眼睛"，会展组织者通过它挖掘和培育市场，而市场则通过这个"眼睛"看效益。一个优秀的会展策划方案不仅体现出会展组织者组织会展的目的，更重要的是通过它来吸引广大商家参展、参会。从某种意义上说，会展策划方案仿佛一座桥，一头连着参展者，另一头连着会展组织者。会展组织者要通过这座桥把参展者邀请过来，参展者要跨过这座桥才能更好地触摸市场。可见，优秀的会展策划方案对组织会展是多么重要。

对于会展组织者来说，一个优秀的会展策划方案应该把握和处理好如下四个关键点。

1. 充分体现"高度"

这里所说的"高度"是指符合政策。组织会展时，会展组织者首先看到的是它的市场潜力，但这个"市场"能不能开发、如何开发，要靠"政策"来衡量与把握。这个时候，就需要会展组织者充分查阅国家相关文件中的规定，通过"引用""转述""理解"等方式，把国家对该会展涉及的产业发展的态度和意见融入会展策划方案中，使其合法、合理、合情。其中，合法，说明国家允许，有关部门不会阻拦；合理，说明会展依据充分，应该组织；合情，说明符合当地发展状况，对产业发展和经济发展有利，有关部门应该积极提供支持。因此，"高度"很重要。

2. 解决"市场"问题

"市场"问题是会展的核心。参展商参加这个会展能有何收益，可以得到什么样的回报？专业观众到会又有什么样的收获和价值？整个策划方案要围绕这个核心来组织，并通过方案巧妙地解疑释惑。可见，会展策划方案并不容易写，更不能轻易出手。因为它是参展商、专业观众了解会展的第一个"窗口"。通过它，参展商、专业观众能看到商机与希望；通过它，参展商、专业观众还可以了解会展权威性的强弱、可信度的高低，组织者管理水平的高低。

3. 注意法律问题

有些会展机构为了实现利益最大化，在各种会展的宣传资料和宣传活动中虚夸会展规模、影响，虚报会展数字，虚列高级政府部门和机构等为会展支持单位，向参展商、与会观众等虚伪承诺其他服务项目等，这些都是导致不良事件发生的导火索，容易引发纠纷。如果会展组织者对此类问题处理不得当、不及时，就极有可能触犯法律。所以，会展策划方案中的文字表述非常重要，既需要充分表达会展组织者的意图，又不能留下任何把柄。

4. 突出创新问题

现在各地的会展一个接一个，如果一个城市中有两个以上的同题材会展即将举办，想

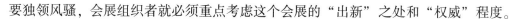

要独领风骚，会展组织者就必须重点考虑这个会展的"出新"之处和"权威"程度。

（二）会展策划方案的写作

一般来说，会展策划方案包括会展立项策划书、会展项目立项可行性研究报告、参展说明书、会展招展方案、会展招展函、招展进度计划、观众邀请函、参展合同、展出工作方案、会展费用预算表、会展宣传推广计划、广告文案等。

所谓会展立项策划，就是根据掌握的各种信息对即将举办的会展的有关事宜进行初步规划，设计出会展的基本框架，初步提出计划举办的会展的内容。会展立项策划书的内容主要包括会展名称和地点、办展机构、办展时间、展品范围、会展规模、会展定位、招展计划、宣传推广和招商计划、会展进度计划、现场管理计划和相关活动计划等。

会展立项策划书的写作要求如下：

1. 会展名称

会展的名称一般包括三方面内容，即基本部分、限定部分和行业标识。例如"第93届中国出口商品交易会"，如果按上述三个内容对号入座，则其基本部分是"交易会"，限定部分是"中国"和"第93届"，行业标识是"出口商品"。

（1）基本部分：用来表明会展的特征，常用词有展览会、博览会、展销会、交易会和"节"等。

（2）限定部分：用来说明会展举办的时间、地点和会展的性质。

会展举办时间的表示方法有三种：一是用"届"来表示，二是用"年"来表示，三是用"季"来表示。如第三届大连国际服装节、2009年广州博览会、法兰克福春季消费品展览会等。在这三种表达方法里，用"届"来表示最常见，它"强调"的是会展举办的连续性。那些刚举办的会展一般用"年份"来表示。

会展举办的地点在会展的名称里也要有所体现，如第三届大连国际服装节中的"大连"。

会展名称里体现会展性质的词主要有"国际""世界""全国""地区"等。例如，第三届大连国际服装节中的"国际"表明该会展属于国际展。

（3）行业标识：用来表明展览题材和展品范围。例如"第三届大连国际服装节"中的"服装"表明该会展是服装产业的会展。行业标识通常是某个产业的名称，或者是某个产业中的某个产品大类。

2. 会展地点

策划选择会展的举办地点包括两方面内容：一是会展在什么地方举办；二是会展在哪个展馆举办。

策划选择会展在什么地方举办，就是要确定会展在哪个国家、哪个省或者是哪个城市举办。

策划选择会展在哪个展馆举办，就是要选择会展举办的具体地点。具体选择在哪个展馆举办会展，要结合会展的展览题材和会展定位而定。另外，在具体选择展馆时，还要综合考虑使用该展馆的成本高低、展期安排是否符合自己的要求及展馆本身的设施和服务如何等因素。

3. 办展机构

办展机构是指负责会展的组织、策划、招展和招商等事宜的有关单位。办展机构可以是企业、行业协会、政府部门和新闻媒体等。

根据各单位在举办展会中的不同作用，展会的办展机构一般有主办单位、承办单位、协办单位和支持单位。

（1）主办单位：拥有会展的主办权并对会展承担主要法律责任的办展单位。主办单位在法律上拥有会展的所有权。

（2）承办单位：直接负责会展的策划、组织、操作与管理，并对会展承担主要财务责任的办展单位。

（3）协办单位：协助主办或承办单位负责会展的策划、组织、操作与管理，承担部分会展的招展、招商和宣传推广工作的办展单位。

（4）支持单位：对会展主办或承办单位的会展策划、组织、操作与管理，或者招展、招商和宣传推广等工作起支持作用的办展单位。

4. 办展时间

办展时间是指会展计划在什么时间举办。办展时间有三个方面的含义：一是指会展的具体开展日期，二是指会展的筹展和撤展日期，三是指会展对观众开放的日期。

展览时间的长短没有统一的标准，要视不同的会展具体而定。有些会展的展览时间可以很长，如世博会的展期长达几个月甚至半年；但对于绝大多数的专业贸易展来说，展期一般以 3~5 天为宜。

5. 展品范围

展品范围要根据会展的定位、办展机构的优劣势和各种其他因素来确定。

根据会展的定位，展品范围可以包括一个或几个产业，也可以是一个产业中的一个或几个产品大类。例如，博览会和交易会的展品范围就很广，其中广交会的展品就超过了 10 万种，几乎无所不包。而法兰克福国际汽车展览会上的展品涉及的就只有汽车产业。

6. 办展频率

办展频率是指会展是一年举办几次还是几年举办一次，或者是不定期举办。从目前展览业的实际情况看，一年举办一次的会展最多，约占全部会展数量的80%，一年举办两次和两年举办一次的会展也不少，而不定期举办的会展越来越少。

办展频率的确定受展览题材所在产业的特征的制约。我们知道，几乎每个产业的产品都有一个生命周期，产品的生命周期对会展的办展频率有重大影响。

产品的投入期和成长期是企业参展的黄金时期，会展的办展频率要牢牢抓住这两个时期。

7. 会展规模

会展规模包括三方面含义：一是会展的展览面积是多少，二是参展单位的数量是多少，三是参观会展的观众有多少。在策划举办一个会展时，对这三方面都要做出预测和规划。

在规划会展规模时，要充分考虑产业的特征。另外，会展规模还会受与会观众数量和质量的限制。

8. 会展定位

通俗地讲，会展定位就是要清晰地告诉参展企业和观众本会展是什么和有什么。具体来说，会展定位就是办展机构根据自身的资源条件和市场竞争状况，通过建立和发展会展的差异化竞争优势，使自己举办的会展在参展企业和观众的心目中形成一个鲜明而独特的印象的过程。

会展定位要明确会展的目标参展商和观众、参展目标、会展的主题等。

9. 会展价格和会展初步预算

会展价格就是为会展的展位出租确定合理的价格。会展展位的价格往往包括室内展场的价格和室外展场的价格，室内展场的价格又分为空地的价格和标准展位的价格。

制订会展价格时一般遵循"优地优价"的原则，即那些便于展示产品和观众流量大的展位的价格往往要高一些。

会展初步预算是针对举办会展所需要的各种费用和举办会展预期获得的收入进行的初步预算。

策划举办会展时，要根据市场情况给会展确定合理的价格，这样对吸引目标参展商参展十分重要。

10. 人员分工计划、招展计划、招商计划和宣传推广计划

人员分工计划、招展计划、招商计划和宣传推广计划是会展的具体实施计划，这四个计划在具体实施时会互相影响。其中，人员分工计划是对会展工作人员的工作进行统筹安排。招展计划主要是为招揽企业参展而制订的各种策略、措施和办法。招商计划主要是为招揽观众参观会展而制订的各种策略、措施和办法。宣传推广计划则是为建立会展品牌和树立会展形象，也为会展的招展提供各种策略、措施和办法。

11. 会展进度计划、现场管理计划和会展相关活动计划

会展进度计划是在时间上对会展的招展、招商、宣传推广和展位划分等工作进行的统筹安排。它明确了在会展的筹办过程中，到哪个阶段就应该完成哪些工作。只要会展进度计划安排得妥当，会展筹备的各项准备工作就能有条不紊地进行。

现场管理计划是会展开幕后对会展现场进行有效管理的各种计划安排，一般包括会展开幕计划、会展展场管理计划、观众登记计划和撤展计划等。现场管理计划安排得好，会展现场将井然有序，会展秩序良好。

会展相关活动计划是对准备在会展举办的同期进行的各种相关活动做出的计划。最常见的与会展同期举办的相关活动有技术交流会、研讨会和各种表演等，它们是会展的有益补充。

（三）会展项目可行性研究报告的写作

会展项目可行性研究报告就是在对会展立项进行可行性分析的基础上完成的研究报告。它对会展立项是可行还是不可行做出系统性的评估和说明，并为完善该会展项目立项策划的具体执行方案提供改进依据和建议。

会展项目可行性研究报告主要包括以下八项内容。

1. 市场环境分析

（1）宏观市场环境：包括人口环境、经济环境、技术环境、政治法律环境、社会文化环境等。

（2）微观市场环境：包括办展机构内部环境、目标客户、竞争者、营销中介、服务

商、社会公众等。

（3）市场环境评价：利用SWOT分析法，即企业优势（Strength）、劣势（Weakness）、机会（Opportunity）和威胁（Threat）来进行。

2. 会展项目的生命力分析

（1）项目发展空间：分析举办该会展所依托的产业空间、市场空间、地域空间、政策空间等是否具备。

（2）项目竞争力：包括会展定位的号召力、办展机构的品牌影响力、参展商和观众的构成、会展价格、会展服务等。

（3）办展机构的优劣势分析。

3. 会展执行方案分析

（1）对计划举办的会展的基本框架进行评估，具体包括以下七项内容。

①会展名称和会展的展品范围，以及会展定位之间是否存在冲突。

②办展时间和办展频率是否符合展品范围所在产业的特征。

③会展的举办地点是否适合。

④能否在会展展品所属产业里举办如此规模的会展。

⑤会展的办展机构能否在计划的办展时间内举办如此规模的会展。

⑥办展机构对会展展品范围所在的产业是否熟悉。

⑦会展定位与会展规模之间是否存在冲突。

（2）招展、招商和宣传推广计划评估。

①招展计划评估。

②招商计划评估。

③宣传推广计划评估。

4. 会展项目财务分析

（1）价格定位。

（2）成本预测。举办一个会展的成本费用一般包括以下七项内容。

①展览场地费用，即租用展览场馆及由此而产生的各种费用。这些费用包括展览场地租金、展馆空调费、展位特装费、标准展位搭建费、展馆地毯及铺设地毯的费用、展位搭装加班费等。

②会展宣传推广费，包括广告宣传费、会展资料设计和印刷费、资料邮寄费、新闻发布会的费用等。

③招展和招商的费用。

④相关活动的费用，包括技术交流会、研讨会，会展开幕式、嘉宾接待、酒会、会展现场布置、礼品、雇用会展临时工作人员的费用等。

⑤办公费用和人员费用。

⑥税收。

⑦其他不可预测的费用。

（3）收入预测。举办一个会展的收入一般包括展位费收入、门票收入、广告和企业赞助收入及其他相关收入。

（4）盈亏平衡分析。

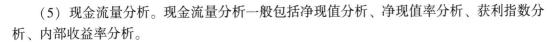

（5）现金流量分析。现金流量分析一般包括净现值分析、净现值率分析、获利指数分析、内部收益率分析。

5. 会展风险预测

会展面临的风险包括市场风险、经营风险、财务风险、合作风险等。举办会展前，要对这些风险进行预测。

6. 会展存在的问题

会展存在的问题包括通过以上可行性分析发现的会展项目立项中存在的各种问题，以及研究人员在进行可行性分析之后发现的可能对会展产生影响的其他问题等。

7. 改进建议

针对上述问题提出对会展项目立项策划的改进建议。

8. 努力的方向

根据会展的办展宗旨和办展目标，在上述分析的基础上针对存在的问题提出办好会展所需要具备的其他条件和应该努力的方向。

（四）参展说明书的写作

从某种意义上讲，参展说明书是帮助参展商进行参展筹备的纲领性文件，也是办展机构对会展布展、展览和撤展等各环节进行有效管理的指导性文件。参展说明书包含的内容涉及举办会展的各个环节，具体如下。

1. 前言

前言主要是对参展商参加本会展表示欢迎，说明本手册编制的原则和目的，提醒参展商在筹展、布展、展览和撤展等环节要自觉遵守本手册的相关规定等，通常比较简短。

2. 展览场地基本情况

展览场地基本情况包括展馆及展区平面图、抵达展馆的交通图、展览场地的基本技术数据等。在绘制展馆及展区平面图时，要标明展馆各种服务设施所在的位置、展区和展位划分的详细情况、展馆内部通道和出入口；在绘制抵达展馆的交通图时，要标明展馆在该城市的具体位置、抵达展馆可以利用的各种主要交通工具和交通路线、各指定接待酒店在该城市的具体位置等。

3. 会展基本信息

会展基本信息包括会展的名称、举办地点、展览时间、办展机构、会展指定承建商、指定运输代理、指定旅游代理、指定接待酒店等。对于办展时间，要具体列明会展的布展时间、开展时间、对专业观众和普通大众开放的时间、撤展时间等，以上时间应尽量精确到小时；对于办展机构，要具体列明会展的主办单位、承办单位、协办单位和支持单位等。另外，还要具体列明各办展机构、展会指定承建商、指定运输代理、指定旅游代理、指定接待酒店等的详细地址、联系电话和联系人，以便参展商联系各有关单位。

4. 会展规则

会展规则就是会展主办方要求参展商和观众等参加会展时所必须遵守的一些规章制度，包括会展有关证件使用和管理规定、会展现场保安和保险规定、展位清洁规定、物品储存规定、现场使用水电注意事项，现场展品销售规定、消防规定、知识产权保护规定、现场展品演示注意事项等。会展规则所有与会人员必须遵守的一些制度，对维护现场秩序十分重要。

5. 展位搭装指南

展位搭装指南是对会展展位搭装的一些基本要求和说明，主要包括标准展位说明和空地展位搭装说明等。由于标准展位的基本结构和配置都是一样的，标准展位说明主要是对展位的标准配置做出说明，列出参展商使用标准展位时的注意事项，提出参展商需要增加非标准配置以外的其他配置的解决方法等。

6. 展品运输指南

展品运输指南是对参展商将展品等物品运到展览现场所做的一些指引和说明，主要包括海外运输指南和国内运输指南等。不论是海外还是国内运输指南，都要对展品的运输方式和运输线路、展品的交运期限、货运文件的准备和交付、收费标准、包装、海关报关、回程运输、可供选择的自选服务等做出具体说明。

7. 会展旅游信息

会展旅游信息是对解决参展商及观众在会展期间的吃、住、行等需要和会展前后的旅游需要等所做出的一些说明。会展旅游信息不仅要详细地列出各指定接待酒店的档次、协议优惠价格、地址、联系方式及其与展馆的距离等，还要列出海外观众和参展商入境的签证办理方法、会展期间及前后可供选择的商务考察和观光休闲旅游的线路及安排等。

8. 相关表格

相关表格是指有关参展商在筹展和布展过程中需要使用的各种表格，主要包括展览表格和展位搭装表格两种。

展览表格主要包括贵宾买家服务表、聘请临时服务人员申请表、额外工作证和邀请卡申请表、研讨会和技术交流会申请表、刊登会刊广告申请表、现场广告申请表、酒店住宿确认表等。

展位搭装表格主要包括展位楣板公司名称表、租用展位设施申请表、租用展具申请表、租用电器申请表、空地展位搭装申请表、照明用电申请表、机械动力水电申请表、电话申请表等。

案例分析

新阳集团（一家大型制造企业）得知鸿泰会展中心近期要组织会展活动，由于正准备将研制成功的新产品系列推向市场，便计划参展并请鸿泰会展中心协助策划这次活动。鸿泰会展中心的总经理了解新阳集团的实力，亲自带着业务部经理刘勇来到新阳集团。新阳集团总经理出面接待了他们，在交谈中，他问及鸿泰会展中心有几位高级会展策划师、本集团的新产品系列以何种形式参展、参展将会产生多大影响。鸿泰会展中心的总经理与业务部经理刘勇面面相觑，回答不出来。鸿泰会展中心总经理无比郁闷，免去了刘勇的业务部经理职务，要求会展中心办公室会同人力资源部，在三日内面向社会招聘两名高级会展策划师，并制订现有人员业务培训计划。

问题：你知道新阳集团总经理为什么提出那几个问题吗？鸿泰会展中心的总经理与业务部经理刘勇为何面面相觑？如果你是刘勇，会怎样回答问题？

会展策划师

会展策划师这个职业共设四个等级，分别为四级会展策划师（国家职业资格四级）、三级会展策划师（国家职业资格三级）、二级会展策划师（国家职业资格二级）、一级会展策划师（国家职业资格一级）。

（一）职业定义

会展策划师：从事会展项目的市场调研，进行项目立项、主题、招商、招展、预算与运营管理等方案的策划，负责项目销售及现场运营管理的专业人员。

会展策划师的主要工作包括以下五项。

（1）会展（会议、展览、节事活动、场馆租赁、奖励旅游等）项目的市场调研。

（2）会展的立项、主题、招商、招展、预算和运营管理等方案的策划。

（3）会展项目的销售。

（4）会展的现场运营管理。

（5）会展活动的全程策划与协调。

（二）职业分析

这个行业对应的专业很明确，就是近年来一些高校设立的会展经济与管理、会展艺术与技术等专业。同时，其也是一个对综合素质要求很高的行业。所以，市场营销、工程管理，乃至衍生出来的做布景的美术设计，做文案的中文、文秘、新闻，做广告、搞招商的广告学等专业，都能够凭借这些专业人员的悟性和综合能力分一杯羹。

（三）职业现状

据人力资源和社会保障部有关专家介绍，自20世纪90年代以来，被人们称为"撒钱产业"的会展业，其一般利润率在25%以上，正依托我国经济的快速发展在全国各主要城市迅猛发展。

由于我国会展业和对会展经济的研究起步较晚，会展教育也相对滞后，因此各地缺乏真正懂行的会展人才。会展人才培养和发展的滞后，已成为我国开展会展业务、提高会展组织水平和服务质量的"瓶颈"。虽然我国专业的展览公司和展览设计公司很多，但是真正有国际影响力的屈指可数，其关键原因在于策划人才的缺乏。

（四）职业前景

就国际展览业而言，中国被认为是展览业发展得最快的国家。在此形势下，一些欧美国家已经采取一些针对中国会展业的竞争对策。相比之下，国外会展人才培养体系相对成熟，已在长期的实践中形成了体系完善的会展理论，如德国已经有专业公司培训会展人才，而美国则是采用高校培养和社会培训两种人才培养模式，更注重实践能力的培养。

因此，会展策划师这一职业无疑是为适应我国会展行业的快速发展而设立的。一方面，培养一批既具有创新策划能力又具有现代经营理念的会展中、高级管理人才，可以有效提高我国会展行业在国际上的核心竞争力；另一方面，经营策划是会展企业最重要的业务能力，培养一大批初、中级不同层次的会展策划管理人员，可以满足目前会展行业对人才的需求。

（五）报考条件

1. 四级会展策划师（具备以下条件之一者）

（1）连续从事本职业工作3年以上。

（2）具有中等职业学校本专业或相关专业毕业证书。

（3）连续从事本职业工作2年以上，经本职业四级会展策划师正规培训达到规定标准学时数，并取得结业证书。

2. 三级会展策划师（具备以下条件之一者）

（1）连续从事本职业工作6年以上。

（2）具有以高级技能为培养目标的技工学校、技师学院和职业技术学院本专业或相关专业毕业证书。

（3）取得四级会展策划师职业资格证书后，连续从事本职业工作4年以上。

（4）取得四级会展策划师职业资格证书后，连续从事本职业工作3年以上，经三级会展策划师正规培训达到规定标准学时数，并取得结业证书。

（5）具有本专业或相关专业大学专科及以上学历证书。

（6）具有其他专业大学专科及以上学历证书，连续从事本职业工作1年以上。

（7）具有其他专业大学专科及以上学历证书，经三级会展策划师正规培训达到规定标准学时数，并取得结业证书。

3. 二级会展策划师（具备以下条件之一者）

（1）连续从事本职业工作13年以上。

（2）取得三级会展策划师职业资格证书后，连续从事本职业工作5年以上。

（3）取得三级会展策划师职业资格证书后，连续从事本职业工作4年以上，经二级会展策划师正规培训达到规定标准学时数，并取得结业证书。

（4）取得本专业或相关专业大学本科学历证书后，连续从事本职业工作5年以上。

（5）具有本专业或相关专业大学本科学历证书，取得三级会展策划师职业资格证书后，连续从事本职业工作4年以上。

（6）具有本专业或相关专业大学本科学历证书，取得三级会展策划师职业资格证书后，连续从事本职业工作3年以上，经二级会展策划师正规培训达到规定标准学时数，并取得结业证书。

（7）取得硕士研究生及以上学历证书后，连续从事本职业工作2年以上。

4. 一级会展策划师（具备以下条件之一者）

（1）连续从事本职业工作19年以上。

（2）取得二级会展策划师职业资格证书后，连续从事本职业工作4年以上。

（3）取得二级会展策划师职业资格证书后，连续从事本职业工作3年以上，经一级会展策划师正规培训达到规定标准学时数，并取得结业证书。

（4）取得本专业或相关专业大学本科学历证书后，连续从事本职业或相关职业工作13年以上。

（5）具有硕士、博士研究生学历证书，连续从事本职业或相关职业工作 10 年以上。

（六）考试内容和考试时间

考试内容包括会展基础知识、会展业管理、布展接待管理、会展设计与布置、会议服务管理、会展的信息化管理、场馆设施与服务管理、会展项目管理及风险防范、会展政策法规。

国家职业资格鉴定现实行"统考日"制度，一般安排在每年的 3 月、5 月、7 月、9 月、11 月进行。具体考试时间可查询省级职业鉴定部门官方网站。

第七章 赞助活动

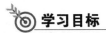

活动任务 1：了解赞助活动的基本类型及原则。

活动任务 2：掌握赞助活动的流程。

案例导入

梅赛德斯 F1 车队与马来西亚国家石油公司将从 2026 年起续签多年的冠名和技术合作伙伴关系的协议。此次协议的续签不仅能推动双方站上赛车运动巅峰，也标志着对更可持续的未来的承诺。双方自 2010 年以来一直保持着紧密的合作关系。

"今天我们要做一件有些不同寻常的事——宣布将在四年后开始的合作关系。这传递出一个重要的信息：我们的团队和马来西亚国家石油公司不再只是合作伙伴，我们是一家人，在未来的许多年里，我们将组成一个团队，"梅赛德斯 F1 车队首席执行官兼团队负责人托托·沃尔夫表示，"从 2026 年起，先进的可持续燃料将成为 F1 赛车性能的核心，这为我们提供了一个绝佳的机会，让我们可以通过动力装置和马来西亚国家石油公司流体技术解决方案来展示我们在该领域的专业知识。我们很高兴能与马来西亚国家石油公司一起奔向未来。"

马来西亚国家石油公司总裁兼集团首席执行官达图克·腾库·穆哈马德·陶菲克表示："你们今天所见证的一切证明了马来西亚国家石油公司和梅赛德斯 F1 车队的共同信念：双方的协同作用和共同的抱负将为我们的客户提供更清洁的能源。"

第一节 赞助活动概述

赞助是社会组织以捐赠方式向某一社会事业或社会活动提供资金或物质的一种公共关系专题活动。赞助活动是一种对社会的贡献行为，是一种信誉投资和感情投资，是企业改善社会环境和社会关系最有效的方式之一。概括起来，赞助的目的有四种，即追求新闻效应，扩大社会影响；增强广告效果，提高经济效益；联络公众感情，改善社会关系；提高社会效益，树立良好形象。

赞助活动以其广泛的内容遍及社会生活的各个方面，赞助的类型主要包括赞助体育活动、赞助文化活动、赞助教育事业、赞助福利事业、赞助宣传用品的制作、专业奖励、赞助展览会和赞助当地的专项活动等。

一、赞助活动的目的

随着现代社会经济的高度发展，赞助活动作为公共关系的一项重要活动，也越来越盛行起来。有人称赞助活动是"取之于民，用之于民"，这不无道理。所以，组织利用有利时机开展必要的赞助活动，是一种富有远见的行为。

赞助活动是由慈善事业发展而来的，有以下几个目的。

（一）树立关心社会、承担社会责任和义务的良好形象

在世人眼里，商人都是唯利是图的，要改变这一形象，一个有效途径就是把从社会中赚到的钱回馈社会。因此，西方一些企业家十分重视赞助活动，这十分有助于消除公众对他们的误解，还可以消除或缓和他们与社区、社会环境的紧张关系，表明他们不仅追求经济效益，也关心社会，具有高度的社会责任感。例如，20世纪初美国大资本家——洛克菲勒曾被当时的新闻媒体称为"强盗大王"，弄得他焦头烂额、臭名昭著，后来他聘请"公共关系之父"——艾维·李担任他的公共关系顾问。在艾维·李的建议下，落克菲勒向社会慈善机构捐款几十万美元，用来修建学校、医院和公园等，这些赞助活动经新闻界报道后，得到了公众的普遍好评。富翁们更是不甘落后，美国《商业周刊》2003年11月20日排出的年度50位最慷慨的慈善家，其中微软公司创始人比尔·盖茨及其夫人美林达名列榜首，1999—2003年，他们已经捐献和计划捐献的慈善款总额高达230亿美元，

（二）通过赞助活动做广告宣传，来增强组织的说服力和影响力

赞助活动可以使组织的名称、产品、商标和服务获得新闻媒体的广泛报道，有利于扩大组织的知名度，更可以配合组织的其他传播活动使公众对组织留下深刻的印象。许多赞助活动都具有新闻效应，常被新闻媒体报道，这是一种变相的广告宣传，而其产生的广告效益，却远远超过单纯的广告宣传。

（三）培养与某类组织或某类公众的良好感情

培养与某类组织或某类公众的良好感情，为组织争取稳定的客户群。例如，浙江淑江市东港公司专门设立了"资助博士生基金"，与青年知识分子培养良好的感情，吸引了许多高层次的人才前来就职；再如，美国可口可乐公司通过专门赞助多种青年人参加的活动，很好地培养了其与青年公众的感情。

二、赞助活动的类型

赞助活动的类型很多，涉及社会生活的各个领域，从大型的体育比赛到某部电视剧的拍摄，从教育事业到车站、码头的路牌、车牌设施，都可以接受赞助。下面介绍几种常见的主要赞助活动。

1. 赞助体育运动

赞助体育运动是赞助活动最常见的一种方式，因为体育活动是广大群众喜闻乐见的活动，也是许多公众热心的活动，涉及的公众层面宽、范围广，使赞助活动影响的广度和深度都很大。赞助体育活动的目的一般是增强广告效果，或扩大与体育有关的许多产品的销路，或测试新产品的性能，便于改进，从而赢得更多的客户。赞助体育活动的方式有提供经费、场地、饮料、食品、服装、器械、人员和其他便利条件及组织体育比赛等。

2. 赞助文化活动

文化活动吸引的公众层面较宽，影响较广，品位较高。企业可以赞助的文化活动主要包括音乐会、电视节目、文艺演出、书画展、摄影作品展览等，例如，英国中部银行坚持赞助卡化特乐园的歌剧演出；日本越秀屋百货商店一直赞助画展；美国早年的不少描写爱情与家庭生活的影片由著名肥皂商普洛克特与甘普尔公司出资赞助，成为家庭主妇们消遣的好节目，给人留下了极深印象，时至今日，许多人还习惯把这类影片称为"肥皂剧"；又如，正大集团赞助中央电视台的"正大剧场"栏目；等等。

3. 赞助教育事业

十年树木，百年育人；百年大计，教育为本。随着社会的进步，科学的发展，社会对人类素质提出了越来越高的要求，教育日益受到社会各界的重视。然而教育是消耗性智力投资，常常陷入经费困扰之中。赞助教育事业既为组织树立了关心教育的良好形象，又与教育界建立了良好的关系，为组织的人才招聘和培训创造了条件。赞助教育事业的方式有提供奖学金，兴建校舍，赠送图书资料和教育仪器，资助学校教研活动，支持"希望工程"及协助学校进行职业训练等。

4. 赞助科研学术活动

赞助科研学术活动的影响面虽然不大，但意义重大深远。一是可推动与本组织性质、产品和服务有关的研究深入发展，为组织发展提供基础研究理论和技术支撑；二是可以提高本组织在同行中的知名度和影响面。这类赞助活动的形式有提供科研基金、资助科研设备的购买、赞助学术研讨会、资助学术专著出版等。

5. 赞助社会福利事业

赞助社会福利事业有助于组织与社区、政府搞好关系，也可向社会表明其所承担的义务和责任，还能体现组织对社会公益事业的关心，这类赞助人情味最浓，商业味最淡，最易博得公众的好感。其赞助对象主要是社会需要救济的对象、有具体困难的公众和社会弱势群体等。这类赞助活动的形式有捐款、捐赠生活设施和其他所需物资，修建敬老院、提供残疾人基金，到孤儿院慰问，义演、义卖等。

6. 赞助各种竞赛奖励活动

赞助各种竞赛奖励活动有赞助电台、电视台、报社、杂志组织的各种有奖知识竞赛、摄影比赛、小发明小创作奖励等。

7. 赞助节日庆典活动

赞助节日庆典活动有赞助厂庆、奠基仪式等。这类赞助活动影响面较广。

8. 赞助特殊领域

赞助特殊领域是指专门支持某一特殊领域，如保护文物古迹或设立专业奖项，如最佳摄影奖、新闻奖、设计奖等。

9. 赞助环保事业

环境保护是功在当今、利在千秋的公益事业，涉及广大公众的切身利益，是公众和媒体关注的热点。

10. 其他赞助活动

其他赞助活动包括赞助制作宣传用品、旅游图、日历等。

三、赞助活动的物品

赞助活动的物品在此特指赞助单位或个人向受赞助者所提供的赞助物品。它往往取决于赞助单位或个人的实力与受赞助者的实际需求。通常，赞助物可以分为以下四类。

1. 现金

现金，即赞助单位或个人以现金或支票的形式向受赞助者提供的赞助。

2. 实物

实物，即赞助单位或个人以一种或数种具有实用性的物资的形式向受赞助者所提供的赞助。

3. 义卖

义卖，即赞助单位或个人将自己所拥有的某件物品进行拍卖，或是划定某段时间将本单位或个人的商品向社会出售，然后将全部所得以现金的形式捐赠给受赞助者。

4. 义工

义工，即赞助单位或个人组织一定数量的人前往受赞助者所在单位或其他场所进行义务劳动或有偿劳动，然后以劳务的形式或以劳务所得向受赞助者提供赞助。

四、赞助活动应遵循的原则

组织在赞助活动中应遵循以下原则。

（1）所赞助的项目和活动应具有积极的社会意义和广泛的社会影响，具有良好的社会效益。

（2）所赞助的项目和活动有利于扩大本组织的知名度和美誉度。一般来说，组织赞助与自身业务有关的活动有利于扩大本组织在有关公众中的影响力。

（3）量力而行，要在自己力所能及范围内开展赞助活动。组织千万不要"打肿脸充胖子"或者是一时冲动轻易承诺，否则会使自己陷入被动局面，一定要根据自己的经济能力确定赞助额，并非越高越好，也要能突出本组织的特色形象，赞助要用得好、用得巧、用得有意义。

（4）制订赞助计划时一定要留有余地，以防由于突发事件（如天灾、市场变化、政策调整等不可预测因素）而造成被动，并留出一部分机动款，作为临时、重大活动的备用资金。

（5）对明显不能满足其要求的征募者，应坦率而诚恳地解释组织的有关政策，坦诚地告知其自己的难处，委婉地表示减少赞助费或不宜参与此项赞助活动，对无理纠缠者不必屈服，可以当面揭露其用心或向有关部门反映，必要时可使用社会舆论或法律手段来维护组织的合法权益。

（6）掌握赞助的时机。赞助应抓住当前公众关心和媒体关注的一些热点问题或重大事件，既不要太早，也不要太迟，要把握赞助时机，善于借势、造势、用势。

第二节　赞助活动的流程

一、赞助活动的前期准备

1. 确定赞助活动的类型和赞助对象

首先要确定赞助活动的类型，即采用哪种赞助形式，这要根据赞助的目的来确定。如果要扩大组织的影响和知名度，可采用赞助体育活动；如果要树立良好形象，可采用赞助教育事业；如果要培养感情，增进社会理解，可采用赞助社会公益事业等。其次要确定赞助的对象，要分析赞助的对象是否需要，是否被社会各界关注，是否为新闻热点，这关系到赞助活动是否有意义，能否给组织者带来很大的社会反响。因此，仔细确定赞助对象至关重要。

2. 确定赞助金额

赞助活动需要一定的经费，既要根据组织的经济实力来确定，也要考虑赞助对象的具体情况和赞助经费能否给他们带来影响，一般先由公共关系部门提出具体方案，再报组织中的决策部门审定。

3. 赞助活动的可行性研究

赞助活动有两种形式，一是组织主动提出赞助；二是根据某些组织的请求提出申请，予以赞助。但是组织如果想获得更好的信誉和形象，最好采用第一种赞助形式。无论采取哪种赞助形式，都要对其进行可行性分析研究。可行性研究是对所立项目与之相关的因素进行分析论证，从而得出可行或不可行的结论。赞助活动是一种高投入的公共关系活动，弄不好就可能造成人力、物力和财力上的极大浪费，甚至还可能费力不讨好，因此必须对每项赞助活动进行可行性分析研究，分析组织目标和公共关系工作是否有必要通过赞助活动来传播形象、扩大影响，赞助活动是否能达到组织预想的目标，赞助活动的内容是否可行。另外还要分析成本投入和赞助效益，以及赞助对象被社会关注的程度和需要的程度等，然后在此基础上向组织中的决策部门提交赞助活动的可行性分析报告。

4. 制订赞助活动计划

赞助活动的可行性分析报告被决策部门批准后，就要着手制订赞助活动计划了。赞助活动计划的内容包括赞助的目的、范围、对象、形式、组织管理、费用预算、实施步骤等。赞助活动计划应是赞助活动可行性研究的具体化，一定要尽量具体并留出余地，使组织可以通过计划来控制赞助的范围和规模，防止赞助规模超出组织的承受能力，使赞助活动有序进行。

二、赞助活动的实施

赞助活动应由专门的公共关系人员负责，公共关系人员应首先弄清楚赞助活动的目的、内容和具体细节，所有宣传活动的安排、步骤和程序。为了扩大影响，赞助活动应举办一定规模的签字仪式，邀请政府部门的负责人、新闻记者、各界朋友参加，并在签字仪式上宣布赞助金额，展示实物。被赞助单位应本着互利互惠的原则，尽可能为赞助单位提供宣传的机会，使宣传与赞助活动同步进行，协调一致。赞助单位要对赞助资金的使用，赞助项目的落实，以及传播补偿条件的兑现进行必要的监督，并在赞助资金的兑现上，应分阶段到位，按实施效果分段提供，以利于从经济上约束赞助接受单位，实现赞助目标。在赞助活动的实施过程中，公共关系人员还应充分运用各种有效的公共关系技巧，使组织尽可能借助赞助活动扩大其对社会的影响。

依照常规，一次赞助会的时间不应多于1小时。因此，赞助会的具体流程必须既周密又紧凑。赞助会的具体流程大致有以下6项。

（1）宣布赞助会正式开始。

赞助会的主持人一般应由受赞助单位的负责人或公关人员担任。在宣布正式开会前，主持人应请全体与会者各就各位，保持肃静，然后邀请贵宾到主席台上就座。

（2）奏国歌。

此前，全体与会者须一致起立。在奏国歌之后，还可奏本单位标志性歌曲。

（3）赞助单位正式实施赞助。

具体做法通常是赞助单位的代表首先出场，口头上宣布其赞助的具体方式或具体数额。随后，受赞助单位的代表上场。双方热情握手。接下来，赞助单位的代表正式将标有一定金额的巨型支票或实物清单双手捧交给受赞助单位的代表。必要时，礼仪小姐应为双方提供帮助。在此过程中，全体与会者应热情鼓掌。

（4）赞助单位代表发言。

赞助单位代表的发言重点是阐述赞助的目的。

（5）受赞助单位代表发言。

此刻的发言者，一般应为受赞助单位的主要负责人或主要受赞助者。其发言的重点是感谢赞助单位。

（6）来宾代表发言。

根据惯例，可邀请政府有关部门的负责人作为来宾代表发言。他发言的主要内容是肯定赞助单位的义举，也可呼吁全社会积极倡导这种互助友爱的美德。该项议程，有时亦可略去。至此，赞助会即可宣告结束。

赞助会正式结束后，赞助单位、受赞助单位双方的主要代表以及会议的主要来宾，通常应当合影留念。此后，宾主双方可稍事晤谈，然后来宾便应一一告辞。一般情况下，当赞助会结束后，东道主大都不为来宾安排膳食，如确有必要，则可略备便餐。

三、赞助活动效果评估

赞助活动结束后，赞助组织应对赞助活动的效果进行评估。检测赞助活动的目标和计划是否完成？赞助活动是否成功？新闻媒体和社会公众有什么反响？有哪些成功和不足？原因何在？还可以进一步检测被赞助单位获得赞助后对其产生什么作用和影响。调查员工对赞助活动的了解程度和对赞助活动的意义和作用认识。另外，通过赞助活动效果评估，企业可以总结赞助活动的成功与不足，也可以提高公共关系人员的业务素质，还可以为今后的赞助活动提供宝贵经验。

案例分析

　　2022年9月5日12时52分，四川省甘孜州泸定县发生6.8级地震，震源深度16千米。这次地震造成重大人员伤亡，灾情牵动全国人民的心。比亚迪、五粮液等公司纷纷向灾区伸以援手。继五粮液专职消防队第一时间抵达四川甘孜泸定县投入救援后，9月6日，五粮液又向四川甘孜泸定、雅安地震灾区分别捐赠1 000万元、500万元，用于赈灾救援和灾后重建。

　　五粮液心系灾区、快速行动，迅速调遣五粮液专职消防队奔赴灾区，在四川省应急管理厅统一指挥下开展抢险救援，尽最大努力确保人民群众的生命财产安全。

　　作为特大型国有企业集团，五粮液始终以高度的政治责任感和历史使命感，积极承担国企社会责任。从践行"六稳""六保"大局，履行经济责任，到助力乡村振兴，投身产业帮扶、教育帮扶，再到抗震救灾、生态环保等公益事业，五粮液充分发挥了国企的"顶梁柱"作用，在各项社会公益事业中从未缺席。

第八章 客户服务

 **学习目标**

> **学习目标 1**：理解客户服务及其意义。
> **学习目标 2**：熟练掌握提高客户服务质量的方法。
> **学习目标 3**：了解情绪和压力的基本概念，熟悉控制情绪和减轻压力的方法。

案例导入

关爱客户

李丽是一家知名企业的客服经理，她已经在客服领域工作了二十多年。这天，她要接待一位重要的客人。这位名叫张明的客人此行的目的是决定是否在李丽所在的百货公司售卖自己公司的产品，以及是否把自己产品的售后授权给该百货公司。李丽的主要任务是在这位客人面前充分展示自己公司的实力，从而获得对方的信任。

距离会议开始还有 15 分钟，李丽打了两个电话，一个电话是问会议室是否已经布置完毕，另一个电话是让部下把相关资料送过来。

第一个电话的内容是这样的。

"我想确定 2 点的会议是不是安排在 3 号会议室。"

"是的，经理。"

"3 号会议室的主要色调是蓝色的吧？"

"是的。"

"一会儿送饮料的时候，记住给张明先生送纯净水。"

"好的。"

"张明先生的椅子上一定要有松软的靠背。"

"记住了，请问还有什么指示吗？"

"暂时没有，辛苦你们了，再见！"

原来张明先生从小是在海边长大的，对海有很深的感情，尽管成年后在世界各地忙于自己的生意，但是每年都会花上几天的时间回到自己的家乡，寻找童年的美好回忆。会议室使用蓝色色调会让张明先生有一种舒适、放松的感觉。另外，由于他从小就患有轻微的风湿症，再加上后来的劳碌，病情就有些加重，坐在松软的椅子上才不会感觉到特别劳累。另外，张明先生的血压有些高，所以医生告诉他不要喝太甜的饮料，建议他长期饮用纯净水。

第二个电话就是通知部下把这次会议的资料拿过来，李丽要看看是否还有什么缺漏之处。

不一会儿，秘书送来了会议资料。李丽仔细翻阅了一遍，没有发现什么缺漏，便坐在椅子上开始闭目养神，并把会议的整个过程在脑中过了一遍。见还剩下几分钟时间，李丽整理了一下自己的仪容，自信地拿起材料向会议室走去。

李丽来到会议室时，自己部门的相关人员已经到了。她环顾了一下会议厅，满意地点点头。这时，外面有人通知客人到了，于是李丽带着自己的部下出门迎接。

眼前的张明是一个高高瘦瘦的中年人，表情严肃，看起来就是对生活要求极其严格的那种人。李丽把客人引入会议厅。当张明看到屋内的色调时，脸上顿时多了一丝笑意，严肃的表情开始有些舒缓。李丽接着把他引到座位上，看着那把与众不同的椅子，张明先是一愣，但什么也没说就坐下了。

接下来是销售部发言，然后是售后服务部发言，两个部门的发言让张明觉得对方对于产品的了解在某种程度上居然超过了自己，真是让人惊叹。最后李丽做了总结性的发言，主题是如何在其公司销售该产品以及做好相应的售后服务。李丽说完后，张明好一会儿没说话。突然，他向李丽提出了一个问题："请问你们是怎么做到如此了解我们的产品的？"

"很简单，我首先让每个参与这个项目的人都试用它，因为我知道，如果想让客人相信你说的话，你必须先相信自己说的话，我们说的话就要来自我们自己的亲身体验。"

"你们今天给我上了一课。"张明说，"从我进门的那一刻起，直到现在，你们一直在给我惊喜，也许对我来说是惊喜，对你们来说，是正在努力的表现。"

"我们可以马上签合同吗？"张明问。

"当然可以。"李丽自信满满地回答。

案例思考：
李丽在接待张明时做了哪些关爱客户的安排？

第一节　客户服务概述

一、客户服务的基本要素

（一）客户

1. 客户的定义

客户是指任何接受产品或服务和可能接受产品或服务的个人与群体。比如，乘客是航空公司的客户，消费者是商场的客户，病人是医生的客户，医院是药品制造企业的客户，等等。企业的客户是指企业提供服务的所有对象，包括股东、董事、员工、合作者、客户、供应商等。

2. 识别客户

识别客户有助于业务的开展。因此，应按照不同标准对客户进行分类。根据来源，可以将客户分为外部客户与内部客户。

(1) 外部客户。凡是不属于企业内部人员的客户都可称为外部客户。根据他们接受企业产品或服务的不同行为，可将其分为个体客户和单位客户。当客户的消费行为是企业行为时，我们称其为单位客户；当客户的消费行为是个人行为时，我们称其为个体客户。无论是业务交易量较大的单位客户，还是消费量较小的个体客户，都是不能怠慢的。善待每一位客户是客户服务的最基本的要求。外部客户接受企业产品或服务的方式有所不同，有的是亲自登门拜访，有的是通过邮购的办法，有的是提交订金来预订，无论哪一种方式，我们都应该认真对待，努力保质保量地做好。

(2) 内部客户。其是指企业系统内部接受服务的人员或部门。内部客户大体上可分为三种类型：第一种是本部门或其他部门的同事。在企业内部任何一个员工既是服务者又是客户，下一道工序是上一道工序的客户，下一个部门又是前一个部门的客户，各个部门都是财务部门的客户，等等。总而言之，只要存在服务与被服务的关系，就构成了客户关系。第二种是本地客户。其是指与你的部门同处一地的其他部门，它们相互之间经常交往，非常熟悉。第三种是远程客户。其是指地处较远，甚至不在同一国家内的部门，比如跨国公司下属的分散在世界各地的分公司或子公司。后两种内部客户是从所处的地理位置划分的。内部客户是容易被我们忽视的群体，而事实上，内部客户与外部客户同样重要，关系到企业的利润。

(3) 消费者与客户。二者是有一定区别的概念。消费者是指使用某个商业组织的产品或服务的人；客户是指任何接受或可能接受产品或服务的人。换句话说，购买了产品或服务的购买者和尚未购买但有可能购买的潜在购买者都是企业的客户。

(4) 客户与供应商。客户是接受或可能接受服务的人，供应商是提供或可能提供服务的人。在实际生活中，每个人既是自己客户的供应商，又是其他供应商的客户。这种双重角色的扮演增加了分辨客户与供应商之间关系的困难。在商务交易中，谁是客户，谁是供应商，必须分辨清楚，它是正确履行客户服务职责的前提。

3. 客户类型

对于企业的客户来说，可以将其分为实际的客户和潜在的客户。如何使潜在的客户转化为实际的客户是企业需要研究的问题。而那些已经购买或接受了企业产品或服务的实际客户，可以分成以下 5 种类型。

(1) 忠诚的客户。这类客户对供应商很忠诚，并不是因为某次服务不佳就会离开。忠诚的客户是企业多年来依靠优质的服务培养出来的。他们既是企业效益的主要来源，又是企业产品和服务的免费宣传员。忠诚的客户愿意向朋友和家人介绍自己对产品的使用感受，并且会向他们推荐供应商。

(2) 知道自己需要的客户。这类客户有明确的目的，知道自己需要什么，往往为了购买某种特定商品直奔主题，一旦看中就会立即购买，毫不犹豫。对于这种客户，只要做好服务，尽量使他们满意，就不会流失。大多数情况下，他们还会成为回头客。

（3）偶然路过的客户。许多的客户是临时路过，没有明确购买目的，他们可能买商品也可能不买商品，一旦遇上感兴趣的商品也会产生购买意向。对于这类客户最重要的是要及时而又热情地回答他们提出的问题，使他们对商品的性能有较为全面的了解，同时对你的服务产生好感，这就有可能使偶然路过的客户成为客户。

（4）有人陪伴的客户。这类客户有的是有明确的购买目的，但拿不定主意，需要有人帮助其参谋；有的只是结伴而行，漫步浏览。对于这类客户，要耐心、周到、细致地为其提供服务，介绍各种商品，帮助他们选择，促进交易的完成。即使他们没能购买任何商品，也会对你的优质服务留下深刻的印象。

（5）寻求信息的客户。有些客户是为了专门了解购买信息而来的，这类客户有较强的购买欲望，发生交易的可能性很大。他们属于非常有价值的客户。你应向他们详细介绍公司，介绍产品，介绍他们想要了解的一切情况，满足他们对商品信息的需要，并想办法与他们成为朋友，使他们对你产生信赖感，为今后的交易奠定基础。

（二）服务与客户服务

1. 服务的定义和特点

服务是指用以交易满足他人需要、本身无形、不发生所有权转移的活动。1996年发表在《哈佛商业杂志》上的一份研究报告指出："再次光临的客户可以为公司带来25%～85%的利润，而在吸引他们再次光临的因素中，首先是服务质量的好坏，其次是产品本身的品质，最后才是价格。"

服务具有以下鲜明的特点。

（1）服务具有利他性。服务是满足他人需要的活动，而不是满足自己需要的活动，只有满足他人需要的活动才可能是服务。

（2）服务具有交易性。在市场经济条件下，满足他人需要的服务只有通过交易才能提供，离开了交易，就不存在真正意义上的服务。

（3）服务具有无形性。服务活动的本质是一种无形的或抽象的商品买卖。尽管如餐饮、零售、金融、保险等行业存在有形的实体服务，但这些实体服务并不是其本质，其本质是抽象的又是无形的。

（4）服务不发生所有权的变化。服务是一种人的活动，能被别人享受，却不能被占有。因此，服务活动本身不发生所有权的转移。

2. 客户服务

（1）客户服务是指在合适的时间、合适的场合，以合适的价格，通过合适的方式，为合适的客户提供合适的产品和服务，使客户合适的需求得到满足的活动过程。

（2）客户服务的核心就是以合适的方式为合适的客户提供合适的产品和服务。

（3）客户服务的目标就是在满足客户个性化需求的过程中，在与客户的良好互动中培养他们的忠诚和信任。

（4）有效的客户服务包含两个方面，即组织程序和员工行为。合理有序的组织程序是有效的客户服务的保障，而员工行为则决定了服务的质量。

3. 客户服务的类型

按照服务的性质，可将客户服务划分成以下四类。

（1）流通服务。其由零售和批发组成的商流服务、仓储和运输组成的物流服务、交通和住宿组成的客流服务、邮政和电信组成的信息流服务构成。

（2）生产和生活服务。其又可分为生产服务，包括银行、证券、技术服务，咨询、广告、会计事务等；生活服务，包括旅游、餐饮、美容、美发、照相等；生产和生活兼顾的服务，包括房地产、租赁保险、维修、职业中介、律师事务等。

（3）精神和素质服务。其是为满足人们精神需要和身体素质需要的服务，包括满足人们精神享受和精神素质需要的服务，如教育、文艺、科学、新闻、出版；满足人们身体素质需要的服务，如体育运动、医疗卫生、环境保护等。

（4）公共服务。其是指政府机构提供的服务，具有非营利性和公益性。

4. 寻找合适的客户

某个企业不可能将所有的人和其他企业都变成客户，企业在为客户提供产品和服务之前要先明白该产品和服务的对象是谁，尤其要弄清楚谁是你的合适客户，这是为别人提供客户服务的关键所在。

（1）并非任何人都是你的客户。你要明白，任何人都可以成为你的客户，但是，他们不一定合适的客户。如果将不合适的客户当作合适的客户，就有可能造成资源浪费，丧失市场机会和企业竞争力。那么，哪些客户才算得上合适的客户呢？一般来说，市场经济的规律决定了企业的终极目的是追求利润，所以，只有那些能为企业带来利润的客户才是企业的合适客户，是需要给予特别关注的。

（2）通过行为判定合适的客户。通常情况下，我们会根据客户的消费水平来了解哪些客户能为企业带来利润，并以此判定谁是合适的客户。但是随着技术的进步，我们通过市场调查的方式可以准确地追踪和详细地分析客户的行为，这样就能够清楚地判定谁是合适的客户了。

（3）剔除不合适的客户。如有以下情况发生，你应该终止与客户的关系：当客户不尊重或看轻你的工作时；当客户对企业提出难以实现的要求时；当客户故意刁难时；当客户总是对服务感到不满时；当客户提出违反制度的要求时；当客户粗鲁的态度可能危及员工人身安全时。剔除不合适的客户，正是为了对合适的客户负责任。

（4）通过价格筛选合适的客户。客户始终都很关心价格，企业可以通过价格来筛选合适的客户。因此，企业应该对自己的产品和服务准确地定价，让合适的客户得到实惠。

（5）吸引合适的客户。例如，SONY 公司一直都想知道 1 100 万游戏用户中的哪些是合适的客户，于是其专门制作了一份网上杂志，规定只有 SONY 游戏机用户才能登录查阅。经过 12 个月的调查，发现年龄为 12～34 岁的客户通常会花更多时间在线玩游戏。SONY 公司终于搞清楚了谁是合适的客户，也知道了谁最关心什么，从而使游戏开发获得了成功。

（6）为合适的客户提供额外的增值服务。由于每位客户的价值是不一样的，因此，企业不应将全部精力平均放在每位客户身上，而应该重点关注合适的客户。根据里查德·考齐在《80/20 法则》一书中对这一定律的阐释：80% 的销售额来自 20% 的客户，80% 的利润来自 20% 的客户。

对于企业来说，要重点为大量消费的客户提供额外的增值服务，从而为企业带来更多的经济效益。

二、了解客户的需求

企业经营的全部活动都要从满足客户的需求出发，以提供满足客户需求的产品或服务作为企业的责任与义务，以客户满意作为企业的经营目的。

（一）客户对服务的期望与感知

了解客户对服务的期望与感知是了解客户需求的前提。

1. 客户对服务的期望

其是指客户心目中服务应达到和可达到的水平。了解客户的服务期望对于了解客户服务是否有效是至关重要的。

2. 客户对服务的感知

其是指客户对服务的感觉、认知和评价。了解客户对服务的感知是至关重要的，因为客户对服务质量的判断、对服务的满意程度都是来源于对服务的感知。

（二）客户需求的内容

1. 关注客户的需求

为了更好地服务客户，必须了解客户，即了解客户内心的想法和客户的特殊需求。了解客户到底需要什么，是什么使你成为客户可以信赖的供应商。只有真正了解客户的需求，才能更好地为客户提供产品或服务，满足他们的需求。这些需求主要有以下五方面内容。

（1）负责的服务。客户希望无论何时何地都能得到供应商的帮助。

（2）积极地参与。客户希望能够与供应商共同做出相关的决策。

（3）经常的联系客户。客户希望能够与供应商联系，以建立友好的关系。

（4）关心客户的健康与前程。客户希望供应商能经常关心他们，在意他们。

（5）建立真正的合作伙伴关系。客户希望能与供应商共同发展，实现"双赢"。

总之，只有更好地了解客户所需，才能为客户提供更有效的服务。

2. 满足客户的需求

不同的客户有不同的需求，满足客户的需求是企业义不容辞的责任。

（1）对客户的需求迅速做出反应。这是衡量企业客户服务质量的重要指标。很多以客户为中心的企业，甚至会把这一点写入其规章制度中。

（2）满足客户对于可靠性的要求。这种可靠性包含两个方面：一是公司的可靠性，二是提供服务者个人的可靠性。可靠性是一种企业形象，企业是否信守承诺直接影响企业的可靠性。

（3）为客户提供需要的产品知识。丰富的产品知识可以增强客户对服务质量的信心和安全感。

（4）提供真诚的服务。这样以赢得客户的信赖。

（5）提供细致、周到、礼貌的服务。没有细致而周到的礼貌服务，是不可能完成组织目标的。为此，提供服务的人员应做到身体力行、礼貌待人。

（6）适当打折，为客户提供物美价廉的商品。低价位的商品可以吸引更多客户关注。

三、与客户沟通的方法

（一）对客户的友好态度

能为客户提供优质服务的组织或个人都有一个共同的特点，那就是他们对客户持友好态度，对客户始终表现出热情的欢迎和诚挚的谢意，把向客户提供优质服务视为自己工作中的最重要一部分。具体来说，对客户的友好态度包括以下五点。

1. 热情待客

不论新老客户来访或离去，都要用友好的态度、热情的话语、真挚的诚意来对待，使客户乘兴而来，满意而去。

2. 以微笑待客

微笑待客表明了你对客户的尊重、友好、欣赏、赞同，这会使客户感到轻松、愉快，能用同样的心情交易。

3. 以愉快的声音待客

在与客户沟通时，注意使用抑扬顿挫的声音、快慢适度的语速和较强的感情色彩，使客户被你的话语吸引，被你的观点说服，被你的诚意感动，从而很愿意与你合作。

4. 以积极的身体语言待客

在与客户交流的过程中，要注意身体语言，包括目光、面部表情、身体姿势和动作、手势等方式所产生的作用，并以此来表达对客户的热情、友好、尊重的态度，使彼此间的沟通更加容易。

5. 对客户使用得体的书面语言

在与客户互通商务信函时，特别注意使用清晰、简洁而又准确的语言表明对客户的态度，尤其是对客户的感激之情和继续合作的想法，使客户能及时了解你的想法。

（二）与客户沟通的方式

与客户沟通的方式多种多样，面对不同的客户时，应采取不同的方式沟通。客户沟通的方式主要包括以下三种。

1. 书面沟通

在与客户交往的过程中，企业为了介绍的产品和服务，往往会通过书面的形式与客户沟通。对企业内部客户的书面沟通方式有便函、报告、布告栏、海报、工作说明、员工手册、电子布告栏等；对企业外部客户的书面沟通方式有商务信函、报告、建议书、合同、广告、产品目录、手册、声明、电子邮件、新闻发布会等。在书面沟通过程中，由于沟通者无法见面也不打电话，因此不能立即得到信息反馈。但书面的形式能提供一种永久的记录，并使客户感到更加正式而予以重视。

2. 口头沟通

口头沟通也是企业与客户交流过程中常常用到的方式，包括对内沟通和对外沟通两种形式。对内沟通包括员工会议报告、面对面的讨论、讲话、打电话、开电话会议、录音带、录像带、"小道消息""传言"等；对外沟通包括与客户面对面沟通、电话沟通、讲话或研讨会、电话会议、可视电话或电视会议等。我们大多数人都喜欢面对面的沟通形式，它可以达到其他方式难以达到的效果。

3. 非语言沟通

非语言沟通方式是沟通中的重要部分。据统计，约60%的沟通是通过非语言沟通方式进行的。非语言沟通的主要方式有面部表情、目光交流、举止姿态、交流距离等。非语言沟通方式细致入微，而且范围广，能起到重复、补充、强调、否认和替代语言行为的作用，若运用得当，将会使企业与客户之间的沟通十分顺畅。

第二节　提高服务质量的方法

一、提供客户服务的方式

随着商务活动的发展，企业为客户提供的服务项目越来越多，从传统的面对面服务到电子邮件和网上交流，服务方式也扩展了很多。

（一）面对面的服务方式

客户面对面的服务是最常用也是最传统的服务提供方式，大多数服务人员提供的服务都是这种面对面的服务。虽然各种电子通信设备的发展给人们提供了更多的选择，但这种更具人情味的传统服务方式仍是人们使用得最普遍的服务方式。面对面的服务对服务人员的素质提出了较高的要求，需要有一定的知识、技能和经验才能做好这项工作。

（二）电子服务方式

随着计算机网络技术的迅速发展，近几年来，电子服务方式逐渐成为客户服务中的一种重要方式。许多企业建立了自己的网站，或利用电子邮件等方式与客户联系并提供各种服务。

1. 企业网站

现在，许多企业利用互联网与客户联系，为客户提供各种商务服务；同时，还利用互联网进行在线商务活动。客户也可以通过企业网站方便、快捷地了解企业情况，在很短的时间里获得大量信息。

2. 电子邮件

在互联网上，企业通过电子邮件的形式与客户联系，发送客户所需信息，客户迅速阅读并回复邮件。无论是提供产品和服务的速度与时间，电子邮件都比传统方式更加快捷与便利。

3. 网上服务

随着电子商务的发展，网上浏览、网上订购、网上交易、网上支付等网上服务项目越来越多，使客户对服务的期望与感知更加强烈。

（三）快递服务

企业在为客户提供服务时，非常重视时效性。因此，快递业务就成为首选，这就是快递服务。

1. 特快专递

当企业有紧急信件或重要文件需要在短时间内传递给客户时，能在 1~3 天到达目的地的特快专递就会被采用。

2. 包裹速递

除了特快专递外，企业还会使用普通快速服务，即包裹速递。在短时间内，把客户需要的产品或零配件及时送到客户的手中。

二、发现并解决客户的问题

（一）确认客户的问题类型

客户的问题可以分为组织内部的问题和组织外部的问题。

1. 组织内部原因而导致的问题

（1）由于企业管理人员对客户期望的理解不够准确，制订出的服务质量标准不能令客户满意。

（2）由于为客户提供服务的质量未达标而导致的问题。

（3）企业内部激励和约束机制不合理。

（4）服务人员实际提供的服务与企业承诺的服务存在差距。

（5）没有向客户交代清楚投诉程序，使客户的投诉过程不顺利。

2. 组织外部原因而导致的问题

（1）有正当理由的投诉。当客户确实遇到不够礼貌、态度冷漠的服务人员时，当客户没有能得到提供承诺的产品质量和服务时，通常会选择投诉来发泄自己的不满情绪。

（2）没有正当理由的投诉。有的时候，客户的愤怒可能是因为自己遇到了挫折，或者是对某件事心存不满，此时发起的投诉或多或少地带有自己的先入为主的情绪。

（3）客户对产品和服务缺乏了解而引起的问题。如果服务人员事先没有跟客户说清楚有关退货或保修的问题，可能会使客户产生误解，从而引起不满情绪。

（二）影响服务质量的原因

（1）客户对服务质量的期望与管理人员对客户期望的理解之间存在差距。

（2）管理人员对客户期望的理解与其所制订的服务质量标准之间存在差距。

（3）服务质量标准与员工实际提供的服务之间存在差距。

（4）服务人员实际提供的服务与企业在促销活动中宣传的服务质量之间存在差距。

（三）提高客户服务水平的政策

客户投诉涉及企业的各个环节，如对产品质量的投诉、对服务水平的投诉等。为了给客户提供更好的服务，企业应做到以下几方面。

1. 建立健全各种规章制度

企业应有专门的制度和人员来管理客户投诉，并明确投诉受理部门在企业组织中的地位。企业要明文规定处理投诉的目的，规定处理投诉的业务流程，根据实际情况确定投诉部门与高层经营者之间的汇报关系。

2. 确定受理投诉的标准

当处理同一类型的投诉时，如果经办人的处理方法不同或对客户态度不同，便会失去客户的信任。因此，在处理投诉时，应该有统一的标准。

3. 规定投诉的受理时间

对于客户的投诉，企业各部门应通力合作，迅速做出反应，力争在最短的时间内彻底解决问题，给客户一个满意的答复。

4. 分清责任，确保问题妥善解决

企业要明文规定处理投诉的各部门、各类人员的具体责任与权限，以及客户投诉得不到及时圆满解决的责任。对重复出现的常规问题，应按规定的程序与方法予以及时处理；对非常规问题，应授权给合适的部门，让其根据具体情况处理。

5. 建立投诉处理系统

企业应建立投诉处理系统，对每一起客户投诉及处理情况都要进行详细记录，包括投诉内容、处理过程、处理结果、客户满意度等。用计算机管理客户投诉内容，可以全面搜集、统计和分析客户意见，不断改进客户投诉的处理方式，并将获得的信息传达给其他部门，总结经验，吸取教训，为将来更好地处理客户投诉提供参考。

（四）提高客户服务质量的策略

服务质量高低是企业能否赢得客户的关键因素。提高服务质量的策略有以下八条。

1. 按企业程序向投诉的客户提供解决方案

企业应根据客户不同的问题和投诉方式，采取得体的应对方式，按照企业程序解决客户的问题。

2. 适时把问题报告上级

如果客户提出的问题超出了服务人员的处理权限，服务人员应立即向上级汇报，不可随意打发客户。

3. 与客户共同检查解决方案的实施状况

服务人员应耐心倾听客户的抱怨，反复核实所有情况，尽可能地缓解客户的情绪，与客户一起面对并解决。这样有助于服务人员进一步地了解客户的需求。如果确实是由于产品的质量与服务态度给客户造成了困扰，企业应该采取以下方法解决：向客户真心实意地道歉；立即为其退款或更换新的产品；适当给予赔偿或安慰；企业督促服务人员改进服务方式或促使生产人员提高产品质量。

4. 采取行动防止问题再次出现

解决完客户投诉的问题之后，服务人员应将记录妥善填写并整理归纳，然后分析客户问题产生的原因和处理时的注意事项等，从而可以确定奖惩力度、改进办法、通报方式等，尽量避免类似事件再次发生。

5. 要让管理人员高度重视服务质量

企业的管理人员应树立优质服务的理念，在管理中建立有效的服务质量标准，对服务质量做出具体的承诺，听取客户和员工的意见与建议，做好评估工作。

6. 重视员工培训

企业应当为员工提供尽可能多的培训，如技术培训、沟通能力培训等。

7. 建立有效的激励机制

企业应采用科学的评估办法，将评估结果与奖惩措施相结合，充分调动服务人员的工作积极性。

8. 加强沟通

企业应加强与客户之间的沟通、管理人员与服务人员之间的沟通、企业各个部门之间的沟通，制订出更加客观的服务标准。

第三节　调整客服人员的情绪和压力

一、调控情绪

（一）关于情绪

研究情绪的专家们至今对"情绪"二字没有共同的表述。我们可以暂且接受的对于情绪的定义是：心灵、感觉或感情的激动或骚动，泛指任何激烈或兴奋的心理感受并经由身体表现出来的状态。

在日常生活中，我们绝大多数时候都在有意无意地被情绪控制。它既能使人精神焕发、充满激情、思维敏捷、干劲倍增，又能使人萎靡不振、情绪低落、思路阻塞、消极懈怠。心理学家把人的情绪分成正面情绪和负面情绪两大类。正面情绪包括满足、分享、祝福、喜悦等，负面情绪包括发怒、贪欲、抱怨等。正面情绪对人产生正向的、积极的作用，负面情绪则对人产生负向的、消极的作用。对于积极情绪，要尽力发展，对于消极情绪，则要严格控制。

情绪完全是个人真实的感受。对于同一件事情，心情不同的人会有不同的理解。

（二）管理情绪的重要性

1. 拥有平静的内心，发展自己

在很多情况下，我们并没有发现自己会朝正面情绪或是负面情绪去发展，有时很小的事情，却能让人产生很强烈的不平衡感。

但是，这种情绪会对人的心情带来不好的影响，因为内心的不平衡会影响一个人及其身边人的发展。所以，我们应尝试着管理自己的情绪，这样才能做更多有意义的事情，才能让自己向前发展。

2. 远离"恶魔"，接近"天使"

每个人的情绪都是在波动，情的波动影响人的心情，所以，适当管理情绪是很有必要的。

当然，我们并非每时每刻都能保持积极的情绪，就像"祝你笑口常开"永远只能是一种祝福，但是学会对自己的情绪负责仍然很重要。

我们应该学会管理自己的情绪，对自己的情绪负责。也许我们不能时刻保持积极的生活态度，但应该以它为努力的方向。

3. 能够控制自己的情绪是一个人成熟的重要标志

人的情绪是一种巨大的、神奇的能量。它既可以激发人的无穷动力，又可以把人推向万劫不复的深渊。一旦情绪失控，就意味着行为失控。所以，很多心理学派把能否有效控制自己的情绪看作一个人是否成熟的标志。

4. 客服人员的工作需要

客服部门是一个直接和客户打交道的部门，每天有很多电话呼出和呼入，要接待各种不同的客户，听他们诉说自己的不满。在这种岗位上工作，出现负面情绪的概率自然就会增加，如遇到难缠、暴躁或不守信用的客户，业绩的压力，上司的斥责，同事的误解，等等，这些都会激发负面情绪。因此，如何管理自己的情绪，对于客服人员来说就显得格外重要。

（三）控制情绪的方法

英国生物学家达尔文说过："脾气暴躁是人类较为卑劣的天性之一，人要是发脾气，就等于在人类进步的阶梯上倒退了一步。"《菜根谭》里有一句话："情急招损，性躁无功。"因此，我们应该从以下六方面来训练自己的性情，以控制自己的情绪向积极的方向发展。

1. 理解自己和他人的情绪变化

人类的情绪是我们面对的一个重要周期。美国的雷克斯·赫西教授曾经进行了一项科学研究，结果表明人类情绪周期平均为五周。也就是说，一个人从开心到沮丧，再回到高兴往往需要五周。

注意观察自己的情绪变化，慢慢地你就会发现自己情绪变化的规律。知道了这一点后，你就可以预测自己的情绪变化，避免在情绪低迷的时候安排重要的事情。当你情绪低迷时，也会安慰自己这种情况很快就会过去。理解情绪周期后，你就会明白你的客户、你的家人或者你周围的人也有情绪周期，当你兴高采烈地告诉周围的人你的新想法却没有收到预期的反应时，千万不要让别人的情绪影响你而泄气，因为他们可能处在低落期，几天以后那个人可能就会变得开心起来，对你的想法大加赞赏。

2. 站在对方的角度考虑问题

站在对方的角度考虑问题，就是俗话说的"将心比心"，即体会别人的情绪与感受，这样有利于防止自己产生不良情绪，或消除已产生的不良情绪。

3. 不说话

假如你发现自己已经被愤怒包围，就要控制自己，在这种情绪消除之前不说话。沉默能让人慢慢冷静下来，有助于想出更好的应对策略，以免在激烈的反应中"口不择言""身不由己"。

4. 远离现场

一旦坏情绪开始释放，就很难控制了。最好的方式就是离开情绪现场。通常远离现场冷静一下后，你的情绪就会得到缓解。

5. 自我暗示

有些人在感觉怒火即将喷射的时候，就会一直默念："我不发火，我不发火，我不发火！"这种念道会产生咒语一般的力量，迅速扑灭心中的怒火。当你愤怒的感觉出现时，可以对自己说："我不能发火，发火不能解决问题。息怒！"如果这样默念五分钟，就会有一定的效果。或者深呼吸三次，再喝一杯水，捏捏耳垂，都会有不错的效果。

6. 用一种不伤人的办法转移怒气

人们在愤怒时说的话往往会让自己的情绪得到发泄，但由此而给他人带来的伤害往往很难弥补。为了不失去亲人，不失去朋友，我们只能学会控制自己的情绪。

小案例

有一个男孩脾气很坏，于是他的父亲就给了他一袋钉子，并且告诉他，每当他想发脾气的时候，就把一根钉子钉在后院的围篱上。第一天，这个小男孩钉下了四十根钉子，慢慢地，他可以控制自己的情绪，不再乱发脾气了，所以每天钉下的钉子数量也随之减少了。他发现控制自己的脾气比钉下那些钉子容易。终于，父亲告诉他，现在开始，每当他能控制自己脾气的时候，就拔出一根钉子。时间一天天过去了，最后小男孩告诉他的父亲，他终于把所有的钉子都拔出来了。于是，父亲牵着他的手来到后院，告诉他："孩子，你做得很好，但看看那些围篱上的坑坑洞洞，它们将永远不能恢复到从前的样子了，你生气时所说的话就像这些钉子一样，会留下很难修复的疤痕，有些甚至是永远难以磨灭的啊！"

二、管理压力

（一）何为"压力"

大多数人谈到的压力，通常是指来自周围环境。例如，学生们谈到压力通常是因为考试成绩差，或者是一篇重要论文的最后期限到了却没写完；家长们谈到压力通常是因为要养家糊口而产生的经济负担；员工们谈到压力通常是因为他们要完成上级布置的各项任务，要不断地学习各种知识，为自己的未来奠定基础。

所谓压力，一般包含三方面含义：其一，压力来自那些使人感到紧张的事件或环境的刺激，如上级领导要来检查工作这件事情给下属带来的紧张感觉；其二，压力是一种个体主观上感觉到的内部心理状态；其三，压力是个体对生理需求或心理需求的一种生理反应，也就是说，当人感到自己正在承受压力时，可能会脸红、心跳加速、手心出汗等。

每个人都有压力，现在快节奏的生活和日益增长的期望值使人们承受着比以往任何时候都要大的压力，因此人们总是纳闷："为什么我的快乐比以前少了？"

（二）导致压力的内、外因素

一般来说，有压力并不一定是坏事。压力可分为良性压力与负面压力。良性压力就是适度的压力，它能转变为动力；而负面压力就是被扩大了的，会给人造成消极影响的压力。

比如，我们知道今天要上班，早上就会强迫自己6点一定要起床，这便是良性压力。

如果我们知道明天要上班，要在早上 6 点起床，因此整个晚上都睡不着，这就是负面压力。

负面压力通常来自两方面，一方面是自己给自己施加的压力；另一方面是外界给自己施加的压力。

1. 内在因素导致的压力

（1）缺乏目标。不明白人生的意义和方向；没有激情，没有动力，没有信心；无法把握自己的工作、生活和学习，不知该何去何从。

（2）过分的紧迫感。服务行业的竞争越来越激烈，对从业人员的要求越来越高，人员的流动也越来越频繁，因此许多人会被紧迫感压得喘不过气来。

有人说："现在我们公司招聘，对人的学历要求不是硕士就是博士，要是再不充电就快被淘汰了。"这显然是扩大了的压力。实际上，只要踏踏实实地工作，每个人都会找到自己的位置，大可不必增添无谓的烦恼。

（3）事事追求完美。有些人是"完美主义者"，凡事要求尽善尽美，这在无形中会给自己和别人带来压力。其实这种习惯是可以通过调整自我而改变的。

（4）取悦别人。有的客服人员希望能得到上司、所有客户和同事的欣赏和喜爱，因此刻意取悦别人，导致心力交瘁，不堪重负。其实，每个人的经历、学识都不同，价值观和兴趣爱好也很难一致，要取悦每个人几乎是不可能的。所以我们没有必要过多地在意别人对自己的看法，给自己带来不必要的压力。

（5）争强好胜。有的人过于争强好胜，要求自己在任何时候、任何事情上都超过别人，做不到就难过、沮丧，极易被压力击垮。其实这完全没有必要。

2. 外在因素导致的压力

（1）被要求做不可能做到的事。

（2）无法胜任工作。

（3）工作不稳定。

（4）与难以相处的人共事。

（5）工作负担太重。

（6）发生重大事件，如出国、结婚、离婚、失恋、亲人去世等。

（7）衰老。

综上所述，有的人善于管理压力，压力就变成了促使人积极向上的动力；而有的人不会管理压力，就会被来自内在和外在的过多的负面压力击垮，从而影响自己的身体健康。

三、职业压力

在同等条件下，不同职业的人群承受的压力强度不同。其中，客服人员承受的压力强度"名列前茅"。《纽约时报》中曾着重介绍了 10 种压力最大的职业。位于前几位的依次是警察、消防员、空中交通管制员和客服人员。此处重点说明客服人员的工作压力来源。

1. 工作条件

导致客服人员产生工作压力的工作条件包括超载工作、高负荷工作、不安全物理条件和倒班工作。超载工作是指完成工作所要求的体力和智力需要超过了客服人员的能力，比如要求客服人员每天要接打 1 000 个电话，自然有些强人所难。高负荷工作是指客服人员要直接和客户交流，岗位工作性质要求客服人员说话的针对性要强，随时都可以了解客户的反应。要边讲述、边观察、边判断，有时还要听取意见，综合分析，十分敏捷地做出相应的回答，因此客服人员在工作时很难放松。不安全物理条件是指凌乱且狭窄的空间、噪声过大、灯光不足或过强的环境，令人不适的空气质量及温度等。倒班工作是指客服人员需要改变状态，在一般人工作的时候必须睡觉，而在一般人睡觉的时候工作。

2. 职业角色

职业角色是指个人处于某个位置时，他的上级、同事、家人和朋友对他的某些行为的期望。职业角色的模糊也是一种工作压力，尤其是在大企业或者职能组织结构明显不合理的公司中更为常见。比如，有的客服人员经常感觉自己的领导太多，还有很多人指挥自己，这个时候就很容易出现职业角色模糊的情况，产生如"我到底该干什么"和"我到底是干什么的"之类的疑问。

3. 人际关系

人际关系对于工作满意程度的影响很大，广泛的社会关系网（包括同事、领导、家庭和朋友的支持）可以有效地缓解工作压力，尤其对于客服行业而言，人与人之间的交往和互动更为复杂。如果工作环境中的人际关系紧张，客服人员就会产生压力。

4. 职业发展

客服部门的工作属于一般企业的重要但非核心的幕后部门。对行业的生疏导致对个人职业前景的不确定，加之客户服务部门相对扁平的管理模式，便形成了客服人员的职业发展压力。

5. 组织结构

企业中不健全的组织结构也可能给客服人员带来工作压力。很多员工对于死板的结构，以及监督机构和制度的不健全十分无奈，他们担心自己的权利无法得到合理的保障。

6. 家庭社会影响

很多人习惯把家庭当作自己的避难所，尤其对于大多数年轻的客服人员而言，家庭是他们释放压力，重新给自己信心的地方。但是实际上，家庭以及个人的社交圈子往往也会很容易给自己带来工作压力。因为客服人员的工作性质特殊，他们的工作状态就是和不同的客户沟通，因此回到家以后，在自己最亲近的人面前很容易情绪失控，把自己在工作中积累的负面情绪和心情发泄给自己的亲人。另外，由于工作中说话太多，回到家里很有可能不愿意与家人沟通，从而产生不必要的误解，进而形成压力。

客服人员面对的这些压力是客观存在的，但有些客服人员可以很有效地化解工作中的负面压力，逐步成长为客服岗位的管理人才。在当今社会，随着企业对客户服务工作的重视，优秀的客户服务管理人才成为企业竞相追逐的对象。

四、客户服务综合征的症状

当出现以下症状时，就说明你的压力已经到了需要控制的时候了。

1. 注意力下降

也许你发现自己站在柜台前发呆，明明知道过来要拿什么物品，但是到了跟前却忘记了；当客户大声提问时，才发现自己走神了；客户投诉时讲了两遍，你还没有听懂。

2. 忍耐力下降

原本无所谓的一件小事也变得令你不耐烦了。例如，堵车令你心烦意乱，甚至在不着急赶路时也这样。你对一个正在与别的客户打交道的同事也时常感到不耐烦。

3. 对快乐感到怀疑

当看到别人快乐地吹着口哨时心想："纯粹是装出来的，成天总那样真不正常。"当你听到别人大笑时，有莫名其妙之感。

4. 抱怨

翻来覆去地抱怨，甚至周围的人说："又来了，又来了，快成祥林嫂了。"

5. 常见的客户服务综合征症状

（1）有恐惧感，尤其在接待新客户时。
（2）觉得精力不够了，接待客户时感到力不从心。
（3）效率越来越低了。
（4）烦躁，想找人吵架。
（5）很难入睡，而且睡着后会在后半夜惊醒。
（6）体重莫名其妙地增加或减少，或者吃东西时，味同嚼蜡。
（7）过分关心自己的健康状况，怀疑自己生病了。
（8）欲望越来越低了，对周围的一切越来越不关心。

客服人员的工作性质要求他们每天都小心翼翼，不能出差错，要保持微笑，时刻需要压制自我情绪。因此，管理压力对于客服人员来说格外重要。一旦出现个别症状，就需要及时调整自己的心理状态，让自己远离客户服务综合征。

五、缓解与调适压力

缓解和调适客服人员压力的方法有以下几种。

1. 运动疗法

对那些觉得自己快承受不了的人来说，最好的办法就是运动。运动之后，你会觉得不良情绪几乎消失了，这主要是由于吸入了足够氧气的缘故。

如果你下班回家后觉得紧张和沮丧，不妨打起精神去运动，运动之后你一定会因为吸入了氧气而变得精神焕发。具体做法如可以每天步行6 000米，还可以选择跑步、游泳，或者其他你喜欢的体育运动。

下面是一种可以在休息时运用的减压方法。

（1）坐在一把舒适的椅子上，做几次深呼吸，屈小臂，握紧拳，向上臂方向弯曲。这样，手、前臂、肩膀的肌肉都处于紧张状态。保持5分钟，再慢慢放松。

（2）伸直双腿，脚趾向前伸。这样，大腿和小腿的肌肉处于紧张状态。保持5分钟，再慢慢放松。

（3）继续运动，使你的颈部、胸部、肩膀和后背的肌肉紧张起来，当运动结束后，全身都会觉得轻松、舒适。

2. "无忧"疗法

许多人整天忧心忡忡，其实，担忧是于事无补的，要么积极行动争取改变，要么坦然接受现在的情况。

如果你担心开会迟到，那么打个电话告诉另外的与会者你可能晚到几分钟就可以了；如果你担心休假那天会不会下雨，就要告诉自己这是你无法左右的事情，根本没必要管它。

况且，你担心的事情40%从不会发生，58%的结果会比你想象得好，只有2%的事情确实值得担心。

3. "宽容"疗法

有的专家指出，宽容是非常重要的，这样你就不会因为对别人提供服务而感到愤懑，并且建议服务人员做到以下几点。

（1）不要怪自己不好，因为怪自己不好，会使自己不堪重负。

（2）不要怪别人不好，因为怪别人不好，会使自己拒绝与他们合作。

（3）不要埋怨自己的境况，若埋怨自己的境况，则会使自己对应该负责的工作不负责任。

4. "目标"疗法

用特定目标衡量自己的工作有助于你欣赏自己的劳动成果。即使没有人关注你的努力，你还可以自己制订有意义的、简单可行的、可以衡量的目标，这样会使你愉快工作，在不知不觉中成长。例如，每天完成20次客户服务；每周发出8封推荐信；每天安排好20份购货单；等等。

5. 说出来

你可能会不太情愿说出自己的感受，因为这并不容易。

想一想，如果有人总是一次又一次地对你抱怨别人，这多么浪费时间，多么无聊啊，而且问题永远也解决不了。要是你把你的感受直接对当事人说出来，尽管这不太容易，但问题一下子就清楚了，你也不会再觉得烦恼了。

仅直接把问题说出来还不够，还需要利用沟通技巧，选择适宜的时间仔细解释。千万不要说出如"你都把我逼疯了"这样的话。

每当遇到问题，想一想你应该说什么，应该怎样说，然后直接和当事人沟通。

6. 为自己服务

要学会使自己保持乐观向上的精神状态，学会为自己服务。找出哪些事情能给自己增添活力，令生活变得愉悦。通常，这都是一些简单的小事，比如使用自己喜爱的钢笔，和同事开玩笑，听一听轻柔的音乐等。

7. 培养积极的心态

人的心态只有两种，要么积极，要么消极。消极心态通常的表现形式有两种：一种是过分谨慎，时常拖延，不敢当机立断；另一种是害怕失败，不敢面对挑战。

以下建议可以帮助你养成积极的心态。

（1）因地制宜。因地制宜意味着放弃抱怨，不等待，不依靠，运用现有条件为自己服务。

（2）适当心理。当心里存在太多的压力或焦虑时，我们要及时地宣泄自己的情绪，具体做法有：向心理医生倾诉；选择适当的场合叫喊、痛哭；积极参加各种文体活动和社交活动。要时刻告诫自己：你是自己的主人，你能控制自己的行为。

（3）保持心理平衡。一个健康社会的常态就应该是多劳多得，但是瞬息万变的社会，往往十分不公平。我们还是应该尽量保持心理平衡，让自己拥有健康的心态。对自己不过分苛求，对他人的期望不要过高，及时疏导自己的愤怒情绪，说服自己不处处与人竞争等。

小资料

（1）有一句俗话叫作"人活着就是来受磨难的"。因此，每个人都应该平和地对待生活中的不如意，这样生活才真实。

（2）当你对磨难多了一份理解时，身上的压力就会被缩小，反之压力会被放大。

（3）一定要找到适合自己的释放压力的方式，不要让压力堆积。

（4）当感觉自己出现抑郁症状时，要及时就医，寻求医生的帮助。

情景模拟

身为某企业市场部经理的李先生工作繁忙，从9点忙到21点，有时候连吃午饭的时间都没有。企业的制度严格，考核标准近乎苛刻，上司施加的压力又大，更何况，这个职位有那么多人虎视眈眈，稍有差错，工作就没了，所以他大脑里的那根弦始终绷得很紧。时间长了，他变得身体虚弱，总觉得提不起精神，而且还经常失眠。就诊后医生说他神经衰弱。

问题：若你处在李先生的状况中，会如何缓解工作中的压力，以使自己长期保持良好的工作状态？

模拟实训

经常与客户保持联系，使客户感觉你与他的关系非常密切，这是留住客户的一种有效手段，具体来说，有以下几个方法。

（1）定期给客户邮寄感谢卡。

（2）打电话问候客户。

（3）登门拜访客户，询问售后信息。

除以上这些方法外，你还能想出其他与客户联系的方法吗？

第九章 记者招待会

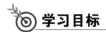
学习目标

学习目标1：了解记者招待会的特点。

学习目标2：掌握记者招待会的流程。

案例导入

丰田的危机公关

2010年2月，丰田公司因汽车踏板的召回维修问题在中国陷入销售危机。在北京市场，丰田系列车型的交易量受到召回事件的冲击很大。2月20日至28日和1月同期的数据相比，进口丰田系列车型的交易量下降了70%，一汽丰田系列车型交易量下降了近200%，广汽丰田则下降150%。为改变丰田汽车在中国的销售困境，丰田公司总裁丰田章男飞抵北京开始危机公关，就丰田汽车出现的一系列质量问题举行记者招待会，向中国消费者做出解释说明，记者招待会邀请了众多中国国内媒体并回答了相关提问。

简析：（1）充分利用记者招待会的优势，在适当的时间和地点，精巧策划、周密准备，规范、稳妥地运作，达到了预期的解疑惑、总结经验教训、指明未来发展方向、恢复形象、化解形象危机、缓和公众情绪并得到公众的理解、帮助与支持等综合目标，可在广大社会公众的心目中留下相当深刻的印象。

（2）记者招待会是社会组织为有效地在公众中树立良好的形象，形成有利于自身发展的社会舆论所采取的传播工作方式，是企业事业单位与媒介联系的一个重要渠道。它具有发布消息正规稳妥，传播范围广等优点。它能在较短的时间内迅速恢复社会组织的良好形象，为其营造和谐的外部环境。

143

第一节　记者招待会的特点

记者招待会又称为新闻发布会或信息发布会，它是政府、企业、社会团体或个人把新闻机构的记者召集在一起，发布某一与社会组织有关的消息，并让记者对此进行提问，然后由召集者回答的一种特殊会议。

一、权威性强

社会组织以记者招待会的形式发布组织信息，这种形式比较正规、隆重，而且规格比较高，有极强的权威性。

二、针对性强

在记者招待会上，答问是活动的主要形式，在活动中记者就自己感兴趣的话题进行提问，针对性强，而且在提问过程中，记者们还可相互启发，这样有利于掌握更多信息。

三、较高的新闻价值

举办记者招待会一般是在社会组织急需的情况下进行，时间紧迫，如社会组织拟定了重大发展规划或新决策即将付诸实施之时，新发明、新产品试制成功之日，社会组织涌现了典型的先进人物，社会组织突然事件发生时等。这样可以使记者招待会公布的信息具有较高的新闻价值，值得新闻媒体和广大公众重视。

四、难度大、要求高

召开记者招待会不仅成本高，而且占用组织者和与会记者的时间也较长，对组织发言人和主持人的要求较高，如主持人和主要发言人要求头脑清晰、思维敏捷、逻辑性和应变能力强，因此举办记者招待会与其他专题活动相比，难度较大。

五、有利于感情交流

在记者招待会上，主持人或主要发言人与记者进行面对面的交流，可以就一些问题达成共识，从而加强了社会组织与新闻记者的相互沟通。

📖 小资料

记者招待会的由来

众所周知，美国是一个创新发明比较多的国家，各种事情美国人都想重新尝试一下。很多事情就这样成为后来的社会主流形式的，如记者招待会就是这样产生的。现在各国在发生了重大事件或举行活动时，往往通过举行记者招待会的形式来传播信息。

1825—1829 年，约翰·昆西·亚当斯任美国第六任总统。某天，亚当斯正在白宫的波多玛河里游泳，南岸边忽然出现了一位女记者——安妮·罗耶尔，她要求采访总统。当时总统游得正高兴，没有答应这位记者的要求。

罗耶尔是个胆大而又倔强的姑娘，她不但没有走，还干脆坐在总统的衣服上，庄严地向总统发誓，如果总统不接受她的采访，她绝对不离开。虽如此，亚当斯仍不肯答应。不过，由于波多玛里的水很凉，不宜在河里多待，亚当斯终于上岸"投降"了，颤抖着接受了记者的采访。

在和记者往回走的途中，总统寻思，与其迫不得已接受采访，何不主动把记者召集起来表明自己的看法和见解？不久，亚当斯真的召集了一些记者向他们阐述自己的主张、设想，后人称之为"记者招待会"。此后，许多国家都认为这个方法很简单明了，记者招待会遂成了国际惯例。

第二节　记者招待会的流程

一、前期的准备工作

社会组织举办记者招待会的目的是借助新闻媒体向公众传播真实、清晰、权威性的重要信息，其能引起社会公众的广泛关注，成败得失至关重要。因此，在举办记者招待会之前，必须进行周密筹备。

1. 确定举办记者招待会的必要性

在记者招待会举办之前必须对所发布的消息是否重要，是否具有广泛传播的新闻价值，以及记者招待会的紧迫性和最佳时机进行研究和分析，只有确认了召开记者招待会的必要性和可能性后，才可决定是否举办记者招待会。企业中具有举办记者招待会价值的事件一般有：厂房起火、爆炸、毒气泄漏等严重事故，或遭遇公众和新闻界公开批评的事件；对社会产生重大影响的新技术、新产品的开发和投产；企业所做的重大公益事业；企业开张或倒闭；企业合并转产；企业的重大庆祝日或纪念日等。

2. 确定记者招待会的主题

主题是记者招待会的核心内容，整个活动都要围绕主题开展。在召开记者招待会之前，必须确定会议的中心议题，还要从新闻媒体和公众的角度出发，进一步考察主题的重要性，看是否具有广泛传播的新闻价值，能否对公众产生良好的重大影响等。

3. 选择记者招待会的主持人和主要发言人

由于记者的职业要求和习惯，他们提出的问题大都比较尖锐、深刻，有时甚至很棘手。这就对主持人和主要发言人提出了很高的要求，如要求他们对问题比较敏感和清楚，思维敏捷，反应迅速，有较强的口头表达能力和灵活的应变能力，有较高的文化修养和品德涵养。一般来说，主持人应由具有较高专业及公共关系技巧的人担任，而主要发言人应是组织的高层领导。因为他们掌握组织整个发展情况及方针、政策和计划等全局性、长远性问题，只有他们的回答才具有权威性。

4. 准备发言提纲和辅导材料

要组织熟悉情况的人员成立专门的发言起草小组，全面搜集有关资料、信息，写出准确、生动的发言稿供发言人参考。

5. 拟定邀请记者的范围

根据信息的重要程度和事件的影响范围拟订应邀记者的范围。如果事件涉及全国，则要邀请中央新闻单位的记者出席；如果事件影响仅限于本地，则邀请当地新闻单位的记者出席；如果事件涉及较为专门的业务，则邀请专业性的媒体和新闻单位内部从事专门报道的记者出席。邀请的记者范围要广，各方新闻机构都应照顾到，不仅有报纸杂志记者，还要有电台、电视台的记者；不仅要有文字记者，还应有摄影记者。临近记者招待会举行时，还应打电话提醒相关记者准时出席或者确定其能否出席。

6. 确定记者招待会的地点

在地点的选择上主要应考虑给记者创造各种方便采访的条件，如录像、拍照需要的辅助灯光，视听辅助工具，电影的播放设备等。另外，还要考虑交通是否便利。

7. 确定记者招待会的时间

应尽量避开节假日和重大社会活动的日子召开记者招待会，以免记者不方便参加。就具体时间而言，最好安排在 10 点和 15 点左右，会议时间控制在 1 小时左右为宜。

8. 组织记者参观的准备

记者招待会前后，可以配合会议主题组织记者参观一些场所，给记者创造实地采访、拍照、录像的机会，增加记者对会议主题的感性认识，且应该在记者招待会前安排好将要参观的场所，派专人接待，并介绍情况。

9. 小型宴会的安排

如果有必要，且财力和时间允许，可以在记者招待会或参观活动结束后邀请记者吃午餐或晚餐，这是一种沟通的好机会。

10. 制订经费预算

经费预算可按记者招待会不同的规格和规模制订，预算时应留出余地。经费预算一般包括场租费、会场布置费用、印刷费、餐饮费、礼品费、文书用具费、音响器材费、邮费、交通费、电话费等项目。

二、记者招待会的程序

1. 签到

在接待站设签到处，接待最好由社会组织的某位主要人物出面迎宾，一方面，这样表示主人的礼貌；另一方面，大家也可通过问候寒暄加强接触了解，建立感情。

2. 发资料

在会议正式开始前，要将准备好的资料有礼貌地分发下去，先让记者初步了解会议内容。

3. 会议开始

由主持人说明召开会议的目的，所要发布的信息和有关情况的介绍和说明。

4. 发言人讲话

发言人详细讲解事件的内容。

5. 答问

发言人答记者提问。

6. 会议结束

会议结束后，社会组织的领导应站在门口，送记者离开，以感谢他们光临，为以后的合作打下良好的基础。

三、注意事项

（1）每个记者招待会只能有一个主题，因为同时发布互不相关或关联不大的几个主题的信息，会分散新闻媒体与公众的注意力，影响主题新闻价值的实现。

（2）会议主持人要充分发挥主持和组织作用。言谈要庄重、有感染力，能活跃会场气氛，可以引导记者踊跃提问。注意把握主题范围，当记者提出的问题偏离主题太远时，要巧妙地将话题引向会议主题，而当会议出现紧张气氛时，要及时调节缓和，不要随意延长会议时间。

（3）会议发言人要掌握好回答问题的"火候"，不要用语言、表情、动作及其他任何方式对记者表示不满，也不要随便打断记者的提问。即使有的记者提出带有偏见或明显挑衅性的问题，也不要激动和愤怒，应很有涵养地用平静的语气反驳。

（4）对于不能透露的信息，应婉转地向记者解释，希望他们理解，如果吞吞吐吐，更会引起记者追根究底，造成尴尬局面。遇到回答不了的问题时；不能说"不清楚""不知道""无可奉告""我不能告诉你"等生硬的话，应采取灵活而又通情达理的方法回答，不能引起记者的不满和反感，以避免记者发表对组织不利的报道。

（5）在回答记者提问时，主要发言人和其他发言人的口径要统一，防止因口径不一而引起记者的猜疑和会场秩序的混乱。

（6）发言人发布的信息和回答的问题必须准确无误，如果发现错误，应及时更正。

（7）发给记者的请柬应精致美观，而且发出后不要随意改变会议地点或会议时间，以免给人以不郑重之感。

（8）组织记者招待会的人员应穿戴整洁、适宜，仪表端庄，精神饱满，并佩戴胸牌，与会记者要发给写上姓名和传播机构名称的座牌，会议桌上座牌要分清主次依次排好。

四、后期工作

（1）尽快整理好记者招待会的记录材料，对全过程进行总结，从中吸取教训，并将总结材料归档备查。

（2）搜集与会各记者在各媒体上的报道，进行归类分析，检查是否达到了举办记者招待会的预定目标，是否存在由于失误而发生的错误，要分析错误发生的原因，并设法弥补由此而造成的损失。

（3）对照会议签到记录，看与会记者是否都发了稿件，分析记者所发稿件的内容和倾向，并以此作为以后举办记者招待会邀请记者范围的参考依据。

（4）搜集与会记者及其他与会代表对记者招待会的反应，检查记者招待会在接待、安排、提供服务等方面是否存在欠妥之处，以便今后改进。

（5）如果出现不利于本组织的报道，应迅速做出应对策略。如果出现不正确或歪曲事实的报道，应采取行动，说明真相，向新闻机构提出更正要求；如果报道的内容虽然是正确事实，但不利于本组织，由于这种情况完全是由组织内部错误造成的，应通过媒体表示虚心接受并致歉，以挽回组织的声誉。

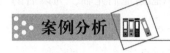 **案例分析**

记者在招待会上得到劣质赠品

某企业在一次记者招待会后把本单位生产的手提包赠送给记者。结果，由于产品质量差，记者在返回报社的路上就发现手提包的拉锁坏了，随后就打电话批评该企业。该企业给记者留下了不良印象。

问题：假如你是这位记者，你会怎样处理这件事？该企业还有没有其他办法可以解决这个问题？

第十章 危机公关

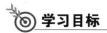 学习目标

学习目标1：了解危机公关对企业形象重塑和生存发展的重要性。
学习目标2：了解危机公关的特征、成因以及类别。
学习目标3：掌握危机公关的原则和处理技巧。
学习目标4：能策划危机事件的处理方案，及时化解组织的公关危机，创造新的发展机遇。

案例导入

网易严选，在质疑声中平步青云，反击之时顺便补刀

2017年5月23日，一篇名为《致丁磊：能给创业者一条活路吗?》的文章在众人的朋友圈刷屏，引起了广泛关注，文章称自家新品在不知情的情况下在网易严选上架，对其造成了巨大的影响。网易严选在第二天发文回应，并未侵权。同时，推送中还公布了最生活抄袭的黑历史和其投资商的投资现况，避免舆论抨击网易以大欺小。

结果网易严选发表了一篇文章反驳，列举了毛巾哥文章中的各种漏洞和谎言，最后还回应称："你接下来可以继续说谎、苦情、哭诉网易严选不给你活路，也可以像战士一样一言不发地清点好武器投入这场战争。是的，这就是一场战争，一场由你挑起的商业战争。下面把舞台交还给你，请继续。"

之后，网易严选开展了毛巾超级大促销活动，还把毛巾的价格从原来的29元一条降至12元一条。随后，毛巾马上脱销。

第一节　危机公关概述

公共关系的成长史，就是一部与危机解决相伴而生的历史，所以公共关系危机的解决能力对于公共关系从业人员来说是至关重要的。特别是当今社会，社会危机、国家危机、企业危机、学校危机等随处可见，已经成为政府、企业及其他社会组织不可忽视的工作组成部分。

作为置身危机旋涡中的企业，如何将自身利益、公众利益和传媒的公信力协调一致，在最短的时间内，以最恰当的渠道向公众传播真实、客观的情况挽回企业品牌的信誉，将企业损失降至最低，甚至化被动为主动，进一步宣传和塑造企业是至关重要的，也是解决公关危机的原则。那么，面对突如其来的公关危机，企业该如何公关，如何引导信息传播呢？

一、危机公关的基本概念

公共关系危机现象很多，如由于管理不善、防范不力、交通失事等引发的重大伤亡事故；由于厂区火灾、食品中毒、机器伤人等引发的重大伤亡事故；由于地震、水灾、风灾、雷电及其他自然灾害造成的重大损失；由于产品质量或社会组织的政策和行为引起的信誉危机等。若社会组织对这些危机事件处理不当，将会造成灾害性的后果。下面介绍一下与危机相关的几个概念。

1. 危机

危机一般有两个含义：一是潜伏的祸根；二是严重困难或生死成败的紧要关头，包括各种突如其来的、严重危害社会公众的生理和心理安全的事件，如海啸、毒气泄漏、环境污染、矿难等。

2. 公共关系危机

公共关系危机是指危机严重地影响了组织正常的运作，对组织的公众形象造成重大损害的，具有较大的公众影响的偶然事件，如负面报道、质量事故、安全事故、公众投诉、竞争对手的恶意破坏等。

3. 危机公共关系

危机公共关系（危机公关）即发生危机时的公共关系管理活动，是指公共关系从业人员在危机意识或危机观念的指导下，依据危机管理计划对发生的危机事件进行预测、监督、控制和协调处理的全过程。在危机发生后，快速使用危机管理手段消除影响，减少危机给组织形象与公众心理带来的损害，引导危机时期的信息传播导向，寻求公众对组织的理解与谅解，从而重新树立和维持组织形象的管理活动和传播活动。

4. 危机管理计划

危机管理计划即组织为了预防危机的发生或在危机发生时尽可能减少损失而制订的较为全面具体的关于危机事件预防、处理和控制的书面计划，包括危机管理的明确责任、运作方式和注意事项等。

英国危机公共关系专家迈克尔·里杰斯特曾指出："若一个组织不能告诉社会它对灾

难局面正在采取什么措施，不能很好地表达它对所发生事故的态度，这无疑会给组织的信誉带来致命的损害，甚至可能导致组织的灭亡。"

二、公共关系危机的特征

（1）不可预测性与复杂性。危机事件不可预测，发展迅速，一旦发生危机，情况都十分复杂，往往涉及比平时更多的人，需要投入更多的钱财和物资。

（2）偶发性与未知性。公共关系危机事件大多是突发性事件，在人们毫无察觉的情况下偶然发生，其中还包含许多未知因素。

（3）强烈的社会影响性。公共关系危机涉及的公众面广，极易引起社会舆论的关注，危机的内容往往又与公众有直接的关系，特别是当危机涉及人身安全时，更能引起公众关注，一经媒体报道，很快就会广泛传播。

📖 小案例

埃克森公司的一艘名为"瓦尔代兹号"的巨型油轮在阿拉斯加州威廉太子湾附近触礁，造成原油泄漏，形成一条宽约1千米、长约8千米的漂油带，这里是美国和加拿大的交界处，曾经是个风景如画的地方，原油的泄漏使附近海域的水产业受到极大损失，生态遭到严重的破坏。事故发生后，加拿大政府和美国政府敦促埃克森公司尽快采取有效措施解决问题，但该公司不理不睬，态度冷漠、傲慢。加拿大政府和美国政府及公众、环保组织与新闻界对埃克森公司的这种态度极为不满，发起了一场"反埃克森运动"，经调查，这起恶性事故是由于船长饮酒过量，擅离职守，让缺乏经验的三副代为指挥引起的，消息一经传出，舆论为之哗然。埃克森公司陷入极为被动的境地，公司业务大受损失，仅清理泄油一项开支就高达几百万美元，加上其他索赔、罚款，损失达几亿美元。另外，由于该公司的形象受损，西欧和美国的一些老客户纷纷开始抵制该公司生产的产品。

（4）对组织发展的危害性。公共关系危机如果处理不当，可能会使组织形象毁于一旦，造成广大公众对组织的强烈不满，甚至导致组织的破产。

（5）普遍性。公共关系危机的发生具有普遍性。相关调查显示，美国89%的企业领导人认为，危机就如同死亡和税收一样，是不可避免的。

三、公共关系危机的类型

公共关系危机分为以下几个类型。

（一）公共关系危机的基本类型

从不同的角度划分，公共关系危机可分为自然危机与人为危机，一般性危机与重大危机，组织内部危机与组织外部危机，结构性危机与突发性危机等基本类型。

1. 自然危机与人为危机

自然危机是指自然界不可抗力引发的危机，如地震、洪水、海啸、飓风、大雾等。人为危机是指由人的某种行为引起的危机，对一个组织来说，它可以是内部的管理决策和生产行为引起的危机，也可以是由外部的恶意破坏引起的危机，如社会动乱、战争、恐怖活动等都属于人为危机。

2. 一般危机与重大危机

一般危机是指常见的公共关系纠纷，如人事纠纷、消费者纠纷、同业纠纷、政府关系纠纷、社区关系纠纷等，这些纠纷一般只能算是基本的矛盾，不能算是真正意义上的危机，它只是一种信号、暗示和征兆，但纠纷如果处理不好，就会引发重大危机。重大危机主要是指组织的重大工伤事故、重大生产失误、火灾、突发性商业危机、重大劳资纠纷、产品或企业的信誉危机。

3. 组织内部危机与组织外部危机

组织内部危机涉及的范围不大，损失主要由组织承担，责任的归咎对象是本组织的部分人员，较为容易处理；组织外部危机主要发生在组织外部，影响众多目标公众的利益，涉及的范围较大，不可控因素多，较难处理。

4. 结构性危机与突发性危机

结构性危机是由于组织内外部结构矛盾的不合理而形成的；突发性危机是由特定因素引起的、不可预测的危机，既包括自然危机，也包括人为危机，有些结构性危机会发生从量变到质变的过程，从而演变为突发性危机。

（二）公共关系危机的典型类型与具体表现

1. 自然灾害引发的公共关系危机

随着世界的气候变化异常、病毒流传加快等原因，世界各国近年来都遭遇了许多自然灾害危机，如海啸、飓风、沙尘暴等，危机的爆发也考验着政府、社会组织对危机的应对能力。重大的危机来临之时，既考验政府的执政能力，也考验社会组织的社会责任感。

2. 环境污染引发的危机

近年来，由于毒气泄漏、水污染、空气污染而引发的环保危机不断出现。此类危机会给企业、政府，甚至国家带来重大影响。

3. 生产安全引发的危机

生产安全引发的危机也越来越能引起社会的关注，如煤矿塌陷、瓦斯爆炸、钢厂安全隐患引起的恶性生产安全事故等。

4. 产品与服务投诉引发的危机

产品与服务投诉引发的危机是指由于产品或服务本身存在缺陷或产品本身含有未被当时的社会所了解的隐患，或跨国集团在处理劣质产品时没有对所有目标公众一视同仁而引发的危机，如果处理不当，则会造成严重后果。另外，由于客户群体的信息获取能力大幅度上升，危机事件已经没有地域边界，一旦有媒体介入，就会在社会上引起轩然大波。

5. 新闻负面报道引发的危机

媒体的报道有时直接影响危机公关的效果。因此，与媒体建立良好的关系，争取媒体客观的报道、将企业的想法传播出去是很重要的。

6. 恶意竞争引发的危机

恶意竞争引发的危机是指由于市场竞争的日趋激烈，有许多企业慌不择路，会采取一些比较低级的竞争手段。例如 2002 年，一篇《莫忽视微波炉的危害》的短文在互联网、报纸、电视台近 600 家媒体上传播，使微波炉生产厂家陷入困境，2002 年 4—5 月，国内微波炉总体销量比前一年同期下滑了近 40%。首先受到伤害的是占有国内微波炉市场 70% 市场份额的格兰仕。"微波炉有害论"事件，即是竞争对手的故意中伤。随后格兰仕通过媒体和国家权威部门进行了大量的反宣传，这才使人们放心使用微波炉。

7. 文化冲突引发的危机

"全球化经营，本土化运作"已经是中外企业达成的共识，许多企业也很注重本土化运作中的文化营销，但由于仓促地进行了一些不当传播，产生了文化冲突，引发了危机。例如，日本索尼公司在开拓泰国市场的时候，由于在相当长的时间内难以获得预期的效果，于是制作了这样一个广告：如来佛祖闭着眼睛在半寐的状态下接受善男信女的膜拜，似乎是无动于衷；就在这个时候，渐渐地，如来突然动作起来，并四处寻找，声音也渐渐响了起来，随着优美的旋律，如来终于喜不自禁跳起了迪斯科，一侧的索尼音响也赫然显现。姑且不论这个广告的优劣，但它的轰动效应却立竿见影。泰国人通常信奉佛教，而索尼却冒昧地用佛祖做广告，无疑触犯了众怒，于是，泰国政府责令索尼公司立即停止播放此广告，同时规定，在随后的一年里，索尼公司不得在任何公众媒体刊登任何与公司相关的信息。在这个著名的"索尼广告风波"中，对于当初仍算中小企业的索尼来说，无疑是犯了一个极为低级的错误。

8. 金融信誉引发的危机

金融信誉引发的危机是指由于金融信誉引发的最大危机当属美国的安然事件引发的股市危机，该事件直接导致了安然公司的破产。

9. 管理者能力素质危机

管理者能力素质危机是指由于组织的管理者和员工的素质低下而引发的危机对于组织来说虽然不能造成灾难性的毁灭，但它的渐变性危害是不容忽视的，都会给组织的发展带来危机。

10. 形象危机

形象危机是指由于组织形象受到损害而使公众对组织产生怀疑，从而降低公众对组织的信任。

11. 政策危机

政策危机是指由于关于环保、医疗、食品卫生与安全相关政策的调整与改变，而给组织带来的危机。

第二节 危机公关处理原则

一、及时主动处理原则

第一时间做出迅速恰当的反应是防止危机事件继续恶变的"第一法宝"。加拿大企业危机管理专家唐纳德·斯蒂芬森曾说过："危机发生的前 24 小时至关重要。如果此时你未能很快行动起来并已准备好把事态告知公众，你就可能被认为有罪，直到你能证明自己是清白的。"

在危机管理理论中，著名的"危机曲线"包括突发期、扩散期、爆发期、衰退期。如果在危机开始的突发期和扩散期积极反应，扼制危机，往往成本较低，效果也较理想。一旦到了爆发期，处理和解决危机的成本将无法估量。

 小案例

肯德基"苏丹红"事件

"苏丹红"是一种红色工业用系列色素。实验表明，其可导致老鼠患某些癌症，还可能造成人类肝脏细胞的DNA发生突变。1995年，英国和欧盟已经将"苏丹红"列为严禁用于食品中的添加剂。肯德基第一次"涉红"后的第二天，即2005年3月17日，又被发现另外3种产品有问题。随后，肯德基采取紧急措施，用现存经过验证不含苏丹红的调料取代原来的调料。在媒体已经大肆报道肯德基的食品"涉红"后，有些肯德基店甚至连公开声明都姗姗来迟，这不免让人不解，肯德基既然在2005年3月17日就发现另外3种产品"涉红"，为什么没在第一时间公布，而是用新调料替换？

作为一个国际知名企业，在收到此类问题警示时，首先要做的是展开全面调查，然后在基于事实的基础上第一时间把相关信息向消费者发布。即使真的查出了有问题的产品，也应该及时向公众发布，而并非刻意隐瞒，否则一旦失信于消费者，将会无法在市场中生存。

二、透明原则

公共关系危机一旦爆发，会立即引起政府部门、社会大众和相关媒体的关注。此时，作为事件的当事人，要坦诚公开真相。在现代高度信息化的社会空间中，一个组织很难隐瞒信息，特别是对自己不利的信息，及时透明公布信息则可以避免小道消息带来的负面影响。

人无完人，孰能无过？组织同样如此。把事实真相告知公众、新闻媒体和主管政府部门，用诚恳的态度配合新闻媒体和主管政府部门调查，及时向社会与组织的对象公众通报相关信息，把信息传播的主动权掌握在自己的手里。勇于承认错误，及时改正错误，就可以得到大众的谅解与支持。相反，一味隐瞒和掩盖真相只会引起更多的误解和不良猜测，更会激怒公众，还可能被竞争对手恶意炒作。

 小案例

1985年，美国纽约市用来存放自来水的水库被人放入了几克放射性物质，污染了水质。城市自来水公司发现后，马上采取清除措施，使城市用水恢复了正常。但市政府还是担心这一消息将造成市民的恐慌，后果可能非常严重。美国联邦紧急状态管理局决定在播放这条消息时不给媒体留下质疑的余地。于是，在当晚电视的黄金时段，电视上出现了这样的画面：纽约市长从自来水龙头下接了一杯水直接喝下去，然后才告诉观众发生了什么事情。接着，他又喝了一杯水，并抱怨水虽然像往常一样可以饮用，但味道不是很好。第二天早上，市民们又和往常一样忙碌地上班去了。

三、消费者利益至上的原则

消费者的利益高于一切，保护消费者的利益，应该是企业危机管理的第一原则。企业必须要有强烈的社会责任感，要勇于承担责任，以消费者的利益为重，赢得公众的理解与支持。若失去了消费者，企业的存在就没有任何意义。

危机发生后，公众一般会关心两个问题：一个是物质层面的问题，即物质利益永远是公众关注的焦点。因此，企业应首先主动承担损失和责任，及时向受害者及所有消费者道歉，并切实采取措施补偿损失。所以，企业应先表达解决问题的诚意，创造妥善处理危机的良好氛围，以真诚和负责任的态度面对公众。这样既表现了对消费者负责的一面，又最大限度地减少了损失。否则便会加深矛盾，引起公众的反感，更不利于问题的解决。另一个则是精神层面的问题，即企业是否在意公众的心理情感。因此，企业应该站在受害者及所有消费者的立场上表示同情和安慰，必要时还得通过媒体向社会公众发表谢罪公告以解决深层次的心理情感问题，从而赢得公众的谅解和信任。

若在危机面前百般推诿、强词夺理，则会对企业带来非常不好的影响。

📖 小案例

麦当劳"消毒水"事件

2003年7月，广州两位消费者到麦当劳用餐，发现所点的红茶有极浓的消毒水味道。现场副经理解释，可能是由于店员前一天对店里烧开水的大壶进行清洗消毒后未把残余的消毒水排干净所致。两位消费者与麦当劳相关人员就赔偿等问题理论和争执长达两个多小时之后，店长和督导才到达现场。随后，在工商局工作人员赶到现场调停近一个小时后仍以未谈妥收场，消费者愤然报警。一周后，麦当劳发表简短声明，用主要文字描述事件过程，并一再强调两位消费者是媒体记者，还表示麦当劳一向严格遵守有关部门对食品安全的所有规定和要求，并保证麦当劳提供的每项产品都是高质量的、安全的、有益健康的。整个声明中没有提及自己任何过失、该如何加强管理或向消费者表达歉意，更没有具体的解决事情的办法。经媒体多方报道，历经半月，麦当劳和消费者达成和解，但双方对和解内容保密。此次事件使麦当劳的公众形象受损。那么麦当劳应该如何处理呢？真诚的公众公共关系——获得谅解，诚恳的公众公共关系——赢得信誉，开诚布公的媒体公共关系——赢得口碑。

四、统一原则

在公共关系危机来临之时，组织的反危机行动必须遵守统一原则。统一原则包括信息发布口径的统一，避免多种不同声音的出现，造成外界更大的猜疑和混乱。在危机之中，组织无论是对内还是对外，都必须统一宣传口径，保持前后言论一致。社会组织的人力、物力、财力和组织各机构部门都应该在最高危机处理小组的领导下，用组织的全部力量尽快平息公共关系危机所带来的不良影响。危机处理者必须传递一致的信息给相关公众，如果不能传递一致的信息，则会引发更多对组织不利的言论和不必要的猜疑。

五、防患于未然原则

公共关系危机具有很强的突发性、不可预测性，因此组织应对公共关系危机的一个重要原则就是必须在平时就筹划预备好公共关系危机预警应对方案，这样才能有备无患。如果组织不预先制订完善的危机管理战略，并在危机的最初阶段对其态势加以控制，危机造成的连锁反应会将组织经营的品牌信誉毁于一旦。"凡事预则立，不预则废"，所以一些组织等到危机无法收拾的时候才出面调停，往往难以扭转乾坤。首先，要有公共关系危机感，要研究自己的组织发生公共关系危机事件的可能性，要把这些可能引发公共关系危机的"苗头"弄清楚，并反复培训相关人员，力争早发现、早汇报、早处理；其次，事先拟定好组织的公共关系预警应急预案，要对关键系统和关键人员进行反复演练，让所有的相关人员和部门清晰准确地了解自己在公共关系危机到来时的"角色"，并通过反复的"仿真"案例演习，来熟悉整个危机预案的启动实施程序；最后，注重与上级主管部门、相关协助单位、新闻媒体和公安司法系统、医疗急救系统等部门保持良好的关系，当危机出现时便可以获得相应的帮助。

六、配合媒体原则

在国际上，媒体被誉为与立法、司法和行政三权并列的"第四种权力"，这足以证明新闻媒体的力量不可忽视。"成也媒体，败也媒体"似乎已经成为广泛承认的公理。媒体既是企业公众之一，也是企业与社会公众沟通交流的窗口和桥梁，两种性质决定企业与媒体合作的必然性。媒体是一把"双刃剑"，运用得好，可以披荆斩棘，为企业开辟一片新天地；运用得不好，不仅会伤及自身，还可能面临灭门之祸。在媒体曝光后，相关企业应积极配合媒体，这样可以抓住事态发展的主动权，将损失控制在最小范围内。

七、巧妙接招原则

危机问题发生了，企业公共关系部门要大胆地接招，在与公众及媒体进行良好的沟通后，巧妙制订危机公共关系策略，分步骤实施危机处理。对所有的危机处理办法都应该采取尽快的解决方案是处理危机的最高宗旨。可以说，危机不论发展到什么程度，公共关系的根本办法仍然是从寻找源头开始。只有寻找到危机源头才能将危机解决在萌芽状态，找到源头后的处理方法很多，但是目的只有一个，就是控制或者堵住这个源头。因为这是公共关系决策制胜的重要因素。

📖 小案例

2017年8月6日，以餐饮界标杆著称的海底捞被爆出卫生问题。视频拍摄者在海底捞北京劲松店的后厨，上菜房、配料房、水果房、洗杯间洗碗间等处均发现了老鼠的踪迹。除此以外，其还发现该店员工存在用于打扫卫生的簸箕和供客户使用的餐具同池混洗、用消费者使用的火锅漏勺掏下水道等问题，均有视频和图片辅证，曝光画面另人作呕。该事件曝光后，海底捞对危机公关的处理速度快的让人反应不过来，在危机爆发后大约4个小时，海底捞就发布了道歉声明，在发布声明后3个小时，就公布了处理方案。海底捞完全抓住了危机公关管理的"黄金时间"，控制了舆情蔓延的趋势，也掌握了舆论的话语权。

第三节　危机公关的过程与处理程序

了解危机公关的全过程，是进行危机公关管理的前提。

一、危机公关的过程

危机公关的过程分为危机潜伏期、危机初显期、危机爆发期、危机抢救期与危机善后期。

1. 危机潜伏期

这个时期可能很长，也可能很短。任何危机的产生都是有原因的，而危机产生的原因有多种，或者是人事矛盾，或者是产品与服务纠纷，或者是安全隐患，或者是环保的措施不到位，或者是目前组织的管理模式陈旧。无论危机是由哪方面原因造成的，都有一个或长或短的潜伏期。

2. 危机初显期

危机初显期，组织和媒体以及公众对消息模糊不清，所能得到的信息或混乱或矛盾，而这样的信息会引起公众对组织的误解，此时，无论是组织还是公众都来不及采取任何行动。

3. 危机爆发期

这个时期，公众和媒体介入程度越来越深，特别是媒体和相关社会组织的介入，会使组织处于舆论的风口浪尖，关于危机的现状会出现多个版本，公众开始口耳相传。

4. 危机抢救期

这个时期，组织经过认真研究，正式开始抢救危机。此时，组织的危机处理小组建立信息中心，通过新闻渠道、政府渠道和目标领袖公众渠道正式对外公布组织的相关处理信息，让公众了解本组织的社会责任感。

5. 危机善后期

这是组织安稳人心，提出预防措施，恢复声誉，重建良好形象，消除负面效应的时期。另外，这个时期也是组织新的转折时期，可以借机重塑形象，让公众产生安全感。

二、危机公关的处理程序

公关专家诺曼·R. 奥古斯丁总结了具有普遍意义的公关操作方法，他认为危机管理应分为 6 个阶段，即危机的避免、危机管理的准备、危机的确认、危机的内部第一时间通报、危机的解决、从危机中获利。

危机处理的基本程序主要包括以下几点。

1. 成立危机事故处理小组

该小组的主要成员必须是组织的最有权威的人士，最有战斗力的人士。因为一旦危机来临，动辄需要花费大量资金来处理。

2. 深入现场，了解事实

危机处理小组的成员必须协同相关的专业人员深入现场指导抢救工作，调查事故的起因、人员伤亡情况、财产损失情况等。

3. 维系形象，降低损失

事故发生后，处理小组的首要任务就是尽量维系组织形象，因为形象一旦被破坏，组织很难再有翻身的机会。降低损失就是尽早尽快解决危机，使危机不至于扩大到不可挽回的地步。

4. 积极应对，制订有效的危机处理原则

危机处理原则有共性也有个性，每次危机的处理原则也有所不同，因此要确定每次危机处理的基本原则，如是与消费者个别协商解决，还是协同政府相关权威部门帮助解决，应该通知什么级别与层次的媒体等，都是每次危机处理前需要明确的原则。

5. 确定危机解决的策略

澄清事实，改善形象，迎合社会伦理道德，重建社会公众对组织的信赖与好感是解决危机的根本策略。针对每次危机的特殊情况，有时也需要制订特殊的策略，这就需要危机事故处理小组提前为危机的处理指明方向。

6. 制订危机公关的主题

危机公关的主题要科学、简洁、明确，对内起到指导行动、凝聚人心的作用，对外起到统一口径、便于传播的作用。

7. 进行有效的人员分工

有的大型危机往往涉及面广，仅靠危机事故处理小组和公共关系人员的力量肯定是不够的。因此，组织的生产部门、市场部门、售后服务部门、后勤管理部门等都必须全力以赴，按照部署分头行动，并及时将行动结果向上汇报，让危机事故处理小组及时将目标公众危机处理进程告知新闻媒体。

8. 专人联系新闻媒体

危机事故处理小组应引导舆论导向，为媒体提供原始资料和新闻通稿，根据组织制订的危机传播计划进行有效的信息传播。

9. 妥善进行善后工作，重塑形象

妥善进行善后工作可以重塑组织形象，展现组织的社会责任感、社会良知和人情味。善后工作包括赔偿、安慰、关怀等，不能虎头蛇尾。

10. 搜集资料，进行评估

这一环节主要是对危机的处理效果进行调查，包括事故的原因、事故的发展进程、对受害者及其亲属的安顿、相关政府的评价部门给事故给出的结论，媒体的新闻报道情况、目标公众对危机处理过程中组织行为的反馈、竞争对手的反应、市场的变化情况等。

第四节　制订危机管理计划

危机管理计划是特定组织在处理危机事件之前，经过组织危机管理小组制订的具体的关于危机事件预防、处理和控制的书面计划。危机管理计划是危机管理的指导方针。

危机管理计划分为三大类。第一类是危机应急计划。危机应急计划是组织在全面分析预测的基础上，针对出现概率较大的危机事件而制订的有关工作程序、施救办法、应对策略措施等的书面计划。它的制订需要相关人员经验丰富，能有效地把可能出现的危机进行全面分析和预测，并就危机出现后的对策进行讨论和确认，然后形成书面的指导意见。第二类是危机传播计划。危机传播计划是社会组织在出现各种影响重大、涉及面广的突发事件，并会使组织形象严重受损，还容易引起社会公众极大的误解时，通过传播沟通手段来传递相关信息，使社会公众了解真相的传播沟通计划。其侧重点是危机事故发生后的新闻传播和信息控制。危机传播是危机管理的主要和重要环节，它是社会组织控制或减少不利于组织的消息、传闻、报道的快速扩散，争取社会公众的同情和支持，为社会组织解决危机争取一个宽松的舆论环境的必要环节。第三类是危机善后计划。危机公关的目标有两个，一是转危为安。它使组织在危机中能够尽快恢复正常的发展，重新建立与目标公众的良性互动。二是化危为机。趁机对组织进行正面宣传，利用好这个潜在的成功机会。

一、建立危机管理小组

对于建立危机管理小组，组织应做到以下几方面内容。

1. 危机管理小组的设置

危机管理小组必须由组织的最高领导者牵头建立，这样可以保证危机处理时能调动组织各方的力量。在危机的处理过程中，企业高层领导人的及时露面，对缓和危机可以起到不小的作用。对于企业来说，高层管理人员的出面可以起到推动处理进程作用。危机管理小组的规模应该根据组织的规模和业务范围来确定人数，最好请有危机处理经验的专家参与。应该有指定的危机处理的办公地点，其中的现代化办公设施要齐备。

2. 危机管理小组的联系

必须保证在危机发生时可以及时联系到危机管理小组的成员，因此必须登记他们的多种联系方式，包括家庭电话、移动电话，电子邮件，甚至亲属的联系方式。

3. 编制危机处理手册

危机处理手册中应包括组织的历史发展、生产现状、产品与市场结构、组织形象状态等资料，还要写明危机管理小组成员的分工等都应该明确。

4. 危机管理小组的分工及协作

根据危机计划的多种方案，制订出各个成员之间的权责范围，明确各成员间的联络路径与工作程序。

二、危机管理计划制订的原则

在制订危机计划时，应该遵循以下几点原则。

1. 研究性原则

未经专业化研究而制订出的危机管理计划，往往漏洞百出。企业如果没有系统地搜集制订危机管理计划的信息，就会在制订危机管理计划时顾此失彼。因此，一定要事先请教从事过危机管理的专家，不能随意制订计划。

2. 灵活性原则

危机环境千变万化，如果计划过于僵化、不灵活，就不能关注随时变化的危机环境了。因此，危机管理计划必须保证具有灵活性、通用性和前瞻性。

3. 成本化原则

危机管理应该考虑成本，因为危机处理的目的是给组织的发展带来转机，如果不考虑人力、财力的合理预算与使用，就会把组织带入更大的财务危机中。

4. 具体化原则

危机管理计划必须是具体的、可以操作的，必须保持系统性、全面性和连续性，应明确所涉及组织及人员的权利和责任，对人员进行有效配置，做到事事有人管、人人能管事，从而使企业全体成员在危机来临时都能够迅速找到自己的位置，发挥主观能动性。如果危机管理计划体系混乱，杂乱无章，相关人员就会反应迟钝或不知所措。

三、危机管理计划书的内容

危机管理计划书要具备三部分内容，即概述、正文和附录。

1. 概述

概述部分包括封面、董事长或总经理签署的保证该计划顺利落实的命令、本计划的发放层次与发放范围、关于本计划制订与实施的相关制度，如保密制度、定期更新制度、本计划实施的时机与条件等。

2. 正文

正文部分包括危机管理的目标和任务；危机管理的原则与定位；危机管理的沟通原则；对各成员的权利与职责进行描述和界定；危机处理的培训和演习方案；危机处理的替补方案；危机处理时的外部成员，如危机管理专家、政府相关官员、媒体相关人员等；危机处理的指挥、沟通与合作程序；危机管理的财物资源准备，如危机管理小组的日常运转和费用、危机管理设备的购买；法律和金融方面的准备，如在紧急状态下，法律和金融方面的求助程序；危机的识别与分析；危机的预警与控制；危机的应变指挥程序；恢复和发展计划；危机管理的评估。

3. 附录

附录通常分为四个部分，即流程图、应用性表单、内部联系表和外部联系表。

四、危机公关的预警

危机管理计划中十分重要的一个环节，即建立危机预警系统。危机预警系统可以帮助组织防患于未然。危机管理的关键在于预防和捕捉先机。而危机预警系统建立的具体表现形式是危机预警方案，其具体内容如下。

1. 由谁建立、改进和维护危机预警体系

建立、改进和维护危机预警体系必须由专人负责。

2. 如何界定危机信息

列举企业的薄弱环节及内外部危机诱因，分析和评估危机发生的概率和严重性。通常，组织应该建立舆论监测或反馈系统来捕捉信息。

3. 针对各种潜在危机制订策略

危机来临时，组织的财务部门、生产部门、人事部门、市场营销部门有时必须全程介入，妥善安排工作。例如，何人联系安全保障部门，何人联系媒体，何人对外发言等都应该明确。另外，还有应该启用危机预警系统中的何种方案，如何界定不同的危机应变的方式和危机管理人员的应变职责，确定危机的传播应急方案，以利于减少损失和消除负面影响等。

4. 确立危机管理的求助程序

有些危机来临时，组织必须向社会各界寻求帮助，如交通部门、医院、政府相关部门、上级主管部门、有业务往来的组织、消费者团体、组织所在社区等。传播学开创者霍夫兰从大量的实证调查中发现，信源的可信度越高，其说服效果越佳；反之则越差。在危机发生时，公众是渴求权威信息的，等到人们静下心来仔细思索整个事情的处理过程时，或许危机已经过去；即使危机仍未消除，但来自权威的声音至少安抚了很大一部分人的情绪，为其他方案的实施争取了时间。因此，寻找相关产业权威人士和权威部门的支持，并及时发布他们所持的对本组织有利的观点或检测报告，也是进行危机公关时不可缺少的一环。

5. 危机预演

消防员为了在火灾来临时能够迅速做出反应，经常进行相关演习。因此，组织也可以采用危机预演，这样既可以检验危机管理计划是否科学合理，又可以提升组织内外部的协同作战能力，还可以通过演习不断地修正危机管理计划的不足之处。

五、危机处理过程中的新闻发布

危机公关的传播原则应该是迅速而准确，这就有了两种时间选择：危机发生的第一时间和危机真相大白的时候。如果组织不接触媒体，媒体也会编出种种推测出来的理由公布出去。

危机一旦发生，媒体往往最为敏感，而其也是组织可以借助的传播平台。一般而言，大型危机来临时，组织会召开新闻发布会，由训练有素的新闻发言人回答记者的提问。新闻发布会的时间应该控制在 30~45 分钟，并且要做好相关准备工作，如与危机相关的图片、模型、表格，危机调查的进展、危机处理的阶段性结果，对危机处理的责任承诺等。另外，还要准备好记者需要的新闻信息的快速传输工具，如计算机、电话、网络等。

媒体选择是企业危机公关中另一个决定成败的细节问题，视事件大小及危机的严重程度，媒体选择也有不同的思路。国际大型企业的抗危机能力一般较强，即使危机出现，处理起来也显得游刃有余。例如，杜邦公司在处理 2005 年的"特富龙"危机时，就使用了高超的技巧。当国内众多媒体争相跟进"特富龙"事件后，杜邦公司开始意识到事件发生了变化，于是，该公司利用了现代最快捷的媒体力量——互联网来处理问题，即杜邦（中国）公司常务副总经理和杜邦（中国）氟应用产品部技术经理做客新浪网络聊天室，利用网络媒体的传播速度快和广泛的传播范围进行网络公关。一夜之间，其聊天的内容在网络上铺天盖地传播开来。随后，杜邦公司在北京举行媒体见面会，这是其在经过前一轮的危机公关后，以统一、强势的力量进行的最关键和最庞大的一次出击。见面会邀请了全国150多家媒体参加，声势非常浩大，杜邦中国区总裁查布朗、杜邦公司总部氟产品技术专家的出席再次向外界传递这样一个信息：涂有特富龙不粘涂层的炊具不含全氟辛酸，杜邦的产品十分安全。

六、危机后期的恢复和发展

很多社会组织已经意识到，危机的背后是转机，所以要做好危机的善后工作，使组织在危机后期迅速恢复和发展。危机管理计划中应写明危机后期组织的恢复与发展计划，要考虑以下几个问题。

（1）危机带来了哪些长期影响？如何消除这些影响？

（2）如何让组织恢复正常的运营程序和经营活动？

（3）如何重塑组织的良好形象？

（4）如何尽快消除公众的信任危机？

（5）如何统一员工思想，让他们与组织同舟共济、共同发展？

（6）如何引导媒体传播组织的正面信息，让债权人、股东、供应商和经销商队伍，以及目标公众都相信组织能重整旗鼓？

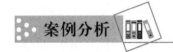
案例分析

雀巢奶粉的危机公关

2005年5月25日，浙江省工商局公布了一份儿童食品质量抽检报告，其中雀巢金牌成长3+某批次奶粉被发现碘含量超过国家标准，若儿童摄入过量会引发甲状腺疾病。据悉，该工商局在对外公布检测结果前给雀巢公司15天的时间让其说明情况——5月10日，雀巢公司就得到了检测结果，但该公司既不说明情况也不进行申辩。此次危机属于质量危机，而且是"某批次奶粉"出现了问题，涉及面并不广，如果企业能采取及时、主动的原则，与相关部门积极沟通，分析碘超标的原因，采取有效措施，这次危机也许就会"峰回路转"，不会出现全国性下架的结果。

问题：雀巢奶粉为什么会被下架？

参 考 文 献

[1] 刘园. 国际商务谈判 [M]. 5 版. 北京：中国人民大学出版社，2022.

[2] 方奇. 商务谈判：理论、技巧、案例. [M]. 北京：中国人民大学出版社，2004.

[3] 李柠. 国际商务礼仪 [M]. 北京：中国财政经济出版社，1995.

[4] 刘必荣. 谈判圣经：终极谈判策略 [M]. 北京：中国社会出版社，1999.

[5] 刘园. 商务学概论 [M]. 北京：首都经济贸易大学出版社，2018.

[6] 吕维霞，刘彦波. 现代商务礼仪 [M]. 北京：对外经济贸易大学出版社，2006.

[7] 周忠兴. 商务谈判原理与技巧 [M]. 南京：东南大学出版社，2003.

[8] 张柱，张炜. 知己知彼的谈判技巧 [M]. 广州：广东经济出版社，2004.

[9] 龚荒. 商务谈判与沟通 [M]. 北京：人民邮电出版社，2022.

[10] 崔叶竹，杨尧. 商务谈判与礼仪 [M]. 北京：清华大学出版社，2020.

[11] 龚荒. 现代推销学——理论、技巧、实训 [M]. 北京：人民邮电出版社，2015.

[12] 郭芳芳. 商务谈判教程——理论、技巧、实务 [M]. 上海：上海财经大学出版社，2012.

[13] 郑锐洪，李玉峰. 推销原理与实务 [M]. 北京：中国人民大学出版社，2016.

[14] 张守刚. 商务沟通与谈判 [M]. 北京：人民邮电出版社，2016.

[15] 叶伟巍，朱新颜. 商务谈判 [M]. 杭州：浙江大学出版社，2014.

[16] 周庆. 商务谈判实训教程 [M]. 武汉：华中科技大学出版社，2007.

[17] 张强. 谈判经济学——理论与实务 [M]. 北京：中国人民大学出版社，2010.

[18] 周琼，吴再芳. 商务谈判与推销技术 [M]. 大连：东北财经大学出版社，2005.

[19] 徐育斐. 商品推销实务 [M]. 大连：东北财经大学出版社，2000.

[20] 易开刚. 现代商务谈判 [M]. 上海：上海财经大学出版社，2006.